RECUEIL

D'OBSERVATIONS RARES

DE MÉDECINE ET DE CHIRURGIE,

PAR

Pierre de MARCHETTIS,

Chevalier de Saint-Marc,
Professeur d'Anatomie et de Chirurgie à l'Université de Padoue ;

TRADUIT EN FRANÇAIS,

et précédé d'une Étude historique sur la vie et les ouvrages de l'auteur,

PAR AUGUSTE WARMONT,

Docteur en Médecine,
ancien Interne des Hôpitaux.

———

PARIS.

A. COCCOZ, LIBRAIRE,
rue de l'École-de-Médecine, 30.

——

1858

PARIS. — RIGNOUX, IMPRIMEUR DE LA FACULTÉ DE MÉDECINE,
ruc Monsieur-le-Prince, 31.

Je ne rappellerais pas, — certains passages de mon travail l'indiquent surabondamment, — que ce petit volume n'est autre chose que ma thèse inaugurale, réduite à un format plus commode, si ce n'était pour moi une occasion de remercier mes examinateurs, MM. MALGAIGNE, DENONVILLIERS, DELPECH et VERNEUIL, de la bienveillance avec laquelle ils ont accueilli cet essai.

A. WARMONT.

ÉTUDE HISTORIQUE

SUR

LA VIE ET LES OUVRAGES

de Pierre de MARCHETTIS.

> Il est bien à propos que les successeurs prennent
> plaisir à se ramentevoir et avoir mémoire des actes
> de leurs prédécesseurs.
> (Guy Coquille, préf. de l'*Hist. du Nivernois.*)

J'ai hésité quelque peu, je l'avoue, à sortir des formes convenues de la thèse inaugurale, et à présenter à mes juges un travail purement historique. C'était me livrer, pieds et poings liés, à la critique, qui réserve toutes ses rigueurs pour les œuvres qui lui paraissent empreintes de quelque originalité. Mais, en réfléchissant à la tendance manifeste de quelques médecins de notre époque vers les études historiques sérieuses, en me rappelant les savants travaux qui ont à cet égard donné l'impulsion, j'ai pensé qu'il y aurait peut-être quelque mérite à suivre, de si loin que ce fût, MM. Littré, Daremberg, R. Briau, Malgaigne, et tant d'autres, dans la voie qu'ils ont glorieusement ouverte, et je n'ai plus écouté les conseils de la prudence. Du reste, j'étais vivement encouragé à prendre ce parti par M. Verneuil, dont l'indulgente

1

amitié combattait mes doutes et rassurait ma foi chancelante.

J'ai donc entrepris d'exhumer, si je puis ainsi dire, un chirurgien du XVIIᵉ siècle, peut-être trop oublié. Mais, j'ai hâte de le dire, je ne me suis pas attaqué à un de ces génies créateurs ou de ces esprits encyclopédiques qui semblent défier les commentateurs ; c'est un modeste observateur, Pierre DE MARCHETTIS, professeur à l'Université de Padoue, qui fait le sujet de cette étude. On s'étonnera sans doute du choix de mon héros. Il en était assurément de plus dignes d'être mis en lumière ; mais pouvais-je les faire entrer dans le cadre nécessairement restreint d'une thèse inaugurale? Et puis un recueil de faits bien observés ne présente-t-il pas plus d'intérêt qu'un gros traité didactique, dont le moindre défaut est de vieillir? J'espère d'ailleurs que l'auteur que j'ai choisi plaidera lui-même sa cause, et que l'importance de quelques-uns des faits qu'il nous a conservés me fera pardonner l'insuffisance de mon travail.

Lorsqu'on embrasse d'un coup d'œil rapide l'histoire de la science chez les différents peuples, on reconnaît aisément qu'ils n'ont pu en agrandir le domaine qu'à la condition de réunir leurs efforts, et de se transmettre les uns aux autres ce flambeau impérissable. C'est ainsi que, pour rester dans notre sujet, au XVIIᵉ siècle, la chirurgie française, qui vient de produire Ambroise Paré, s'arrête, comme épuisée, et laisse le champ libre à la chirurgie italienne ;

les universités de la Péninsule attirent de toutes parts,
par l'éclat de leur enseignement, des auditeurs nombreux et empressés. Padoue a une grande part dans
ce triomphe. Son université, fondée au XIIIᵉ siècle,
fut longtemps florissante ; on est surpris, quand on
parcourt ses annales, de trouver soit parmi les professeurs, soit parmi les disciples, autant de noms
illustres. Galilée y enseigna, Harvey y étudia : ces
deux noms seuls suffiraient à sa gloire. C'est dans
cette université, et dans l'amphithéâtre glorieusement
inauguré par Fabrice d'Aquapendente, que professa
Pierre de Marchettis, menant de front l'étude et l'enseignement de l'anatomie et de la chirurgie (1). Ces
beaux jours de l'Université de Padoue durèrent peu ;
déjà Morgagni (lettre 24) se plaint que les étrangers
cessent d'affluer en Italie, prétendant que l'on y sui-
vait encore les théories de Galien, et dans une lettre
datée du 28 juillet 1739, le président de Brosses dit
que les professeurs de cette université autrefois si
fréquentée *prêchent le plus souvent aux bancs (Lettres
familières écrites d'Italie par Charles de Brosses,* éd.
d'Hip. Babou ; in-12, t. I, p. 104 ; Paris, 1858).

---

(1) G. Tiraboschi, *Storia della letteratura italiana ;* Roma,
1785 ; in-4°, t. VIII, lib. ɪ, cap. 3.

Salv. de Renzi, *Storia della medicina in Italia ;* Napoli, 1846 ;
in-8°, t. IV, *passim.*

Brambilla, *Storia delle scoperte fisico medico-chirurgiche fatte
dagli uomini illustri italiani ;* Milano, 1780-82 ; in-4°, 2 vol., p. xliɪ
de l'Introduction.

Notre génération ne connaît guère Pierre de Marchettis; il n'a peut-être dû d'échapper à l'oubli qu'à une de ses observations qui, grâce à son allure quelque peu graveleuse, a eu l'honneur d'être reproduite partout, même dans les recueils d'anecdotes. Les historiens de la chirurgie se bornent à le citer comme un des bons observateurs du XVIIe siècle, et ne s'inquiètent guère d'apprendre au lecteur sur quoi est fondée sa réputation. Quant aux biographes, quand ils ont copié les historiens originaux de l'Université de Padoue (1), ils les ont le plus souvent copiés inexacte-

---

(1) Quelques mots sur ces historiens sont nécessaires. Ce sont en suivant l'ordre chronologique, et pour ne parler que de ceux qui ont fait l'histoire de l'Université de Padoue au XVIIe siècle : 1° Jac.-Phil. TOMASINI. Son livre est intitulé *Gymnasium patavinum,* et a paru à Udine en 1654, in-4°. Il est rempli de détails curieux sur l'organisation de l'Université; il est en outre enrichi de gravures qui représentent la façade du palais de l'Université, l'amphithéâtre en forme de puits que l'on retrouve sur le frontispice gravé de l'Anatomie de Dominique de Marchettis, les costumes des différents fonctionnaires, etc. Nous avons, entre autres ouvrages de Jac.-Phil. Tomasini, des éloges qui lui valurent l'évêché de Citta-Nuova en Istrie, et qui cependant, selon quelques-uns, auraient été composés par J. Rhodius. — 2° Ch. PATIN. Chassé de France par le caprice d'un ministre, Ch. Patin trouva à Padoue une seconde patrie; il nous a laissé, sous le titre de *Lyceum patavinum* (Padoue, 1682; in-4°), un livre dans lequel il a tracé une courte biographie et donné les portraits des professeurs de théologie, de philosophie et de médecine, qui vivaient alors. — 3° Nic.-Comn. PAPADOPOLI était professeur de droit canon à Padoue. Son histoire de l'Université

ment; je ne parle pas de ceux qui se sont contentés de renseignements de seconde main, et qui sont tombés par conséquent dans les mêmes erreurs que ceux qui les avaient précédés.

On ne s'accorde même pas sur l'orthographe de son nom : les uns écrivent Marchetti, les autres, Marchettis; et dans l'ouvrage même de son fils Dominique (*Anatomia*, édit. de Padoue, 1654; in-4°), le titre gravé porte Marchettis, tandis que le titre imprimé et la signature de l'épître dédicatoire portent Marchetis. Je ne parle pas de Deboze, traducteur de Scultet (*l'Arcenal de chirurgie;* Lyon, 1672, in-4°), qui a poussé la fantaisie jusqu'à orthographier ainsi, *Marquetis;* non plus que de P.-S. Rouhault (*Traité des playes de tête;* Turin, 1720; in-4°, p. 77), qui a jugé à propos de le franciser et d'en faire *Marchette.* C'est à ce même

---

de Padoue (*Hist. gymn. patav.;* Venetiis, apud Seb. Coleti, 1726; 2 tomes en 1 vol. in-folio) est la plus complète, malheureusement elle contient des erreurs assez nombreuses. — 4° Enfin Jac. Facciolati, si connu par la part considérable qui lui revient dans le *Lexicon totius latinitatis,* auquel son nom est demeuré attaché, nous a laissé deux ouvrages sur l'Université de Padoue : le premier intitulé *de Gymn. patav. syntagmata duodecim ex ejusdem gymn. fastis excerpta;* Padoue, 1752, in-8°. Le second, que j'ai seul consulté, est intitulé *Fasti gym. patav. Jac. Facciolat. studio atque opera collecti;* Pat., 1757, in-4°. Il ne contient guère qu'une sèche nomenclature des noms des professeurs, avec la date de leur nomination; mais il a été fait sur les documents officiels, et permet de rectifier quelques erreurs échappées à Papadopoli.

Rouhault, soit dit en passant, que revient l'honneur d'avoir coupé en deux Bérenger de Carpi, pour en faire deux chirurgiens bien distincts, Berengarius et Carpensis, qui naturellement sont du même avis.

On ne s'accorde guère davantage sur la date de la naissance de Pierre de Marchettis ; la plupart des biographes préfèrent la laisser deviner que l'indiquer d'une manière positive. Sprengel (*Histoire de la médecine*, traduite par Jourdan ; 9 vol. in-8° ; Paris, 1815-20), se fondant sur je ne sais quelle autorité, le fait naître en 1589. Je crois être plus près de la vérité en rapportant à l'année 1587 la date de sa naissance, et voici sur quoi je m'appuie : il y a en tête de l'Anatomie de son fils Dominique, que j'ai déjà citée, un portrait de Pierre de Marchettis ; d'après l'inscription placée autour de ce portrait, il avait 60 ans en 1647.

Quoi qu'il en soit, Pierre de Marchettis, docteur en médecine, fut nommé en 1640 professeur de chirurgie et d'anatomie à l'Université de Padoue (ces deux chaires ayant été réunies sous Fabrice d'Aquapendente). Il abandonna en 1661 l'enseignement de la chirurgie. En 1667, on lui donna pour coadjuteur son fils Antoine, qui en 1669, époque où il prit sa retraite, lui fut donné pour successeur. Ses appointements de professeur, successivement augmentés, s'élevaient en 1665 à 800 florins.

J'aurais pu facilement accumuler plus de dates, mais l'aridité de semblables détails ne me semble propre qu'à effrayer le lecteur. J'aurais préféré trouver dans les biographies quelques circonstances de sa vie scientifique, mais c'est en vain que j'ai cherché. J'ai trouvé seulement dans Tomasini (*op. cit.*, p. 451) que le 24 septembre 1630, Pierre de Marchettis, médecin praticien, étant allé visiter à Padoue des malades dans une maison qui avait été infectée de la peste par des marchandises apportées de Vicence, sans savoir de quoi il s'agissait, fut aussitôt, par décret du gouvernement, consigné dans sa maison.

Les services de Pierre de Marchettis comme professeur furent dignement récompensés par la république de Venise, alors maîtresse de Padoue. Il fut nommé chevalier de Saint-Marc; on plaça aussi en son honneur, dans l'Université, l'inscription suivante, que je trouve dans Tomasini :

Petro Marchetto, chirurgiæ atque anatomiæ professori eximio, in quo Fabricii ab Aquapendente præceptoris genium revixisse sophiæ, ac medicinæ sacris initiata juventus sibi, ac sæculo gratulatur, Philiberto Vizzanio, patricio Bononiensi, pro rectore dignissimo, universitas artium, anno 1642, posuit.

Il mourut à Padoue le 6 avril 1673. Manget (*Bibl. script. medic.;* Genevæ, 1731, 4 vol. in-fol.), et après lui la plupart des biographes, qui l'ont copié le plus souvent, disent le 16 avril; mais, comme le seul historien original qui donne la date de la mort de P. de Marchettis est Papadopoli, et qu'il répète plusieurs fois cette date, il faut en conclure ou qu'il y a dans

Manget une faute d'impression, ou que cet auteur, qui a copié mot à mot tout le reste de l'article dans Papadopoli, s'est trompé quand il en est arrivé là.

Je demande pardon au lecteur pour tous ces détails arides; mais, quand il s'agit d'histoire ou de biographie, ne vient-il pas toujours un moment où une erreur, qui tout d'abord avait paru insignifiante, prend les proportions d'un événement. J'en ai sous la main un exemple frappant et qui appartient à mon sujet.

Voici le fait : Papadopoli dit quelque part que Pierre de Marchettis fut enterré dans l'église Saint-Antoine de Padoue et dans le même tombeau que Dominique, son fils (*conditus tumulo eodem quo filius Dominicus*). Cela veut dire tout simplement que Dominique de Marchettis fit élever dans l'église Saint-Antoine de Padoue un tombeau de famille, dont Papadopoli vante quelque autre part les riches sculptures, et que son père d'abord, lui-même ensuite, y furent enterrés. Mais, la phrase de Papadopoli étant amphibologique, on a trouvé plus simple d'aller à côté de la vérité et de supposer que Pierre de Marchettis avait survécu à son fils. En vain les témoignages historiques étaient là, et en particulier celui de Charles Patin, qui, faisant la biographie, dans son *Lyceum patavinum*, seulement de ceux de ses collègues qui vivaient alors (1682), parle de Dominique de Marchettis, et passe Pierre sous silence. Cette erreur n'en a pas moins persisté, et est intervenue dans la discussion de plusieurs questions historiques, et en particulier de la suivante, qu'il me faut reprendre d'un peu plus haut :

Il s'agit d'un fait, emprunté à la pratique chirurgicale de Dominique de Marchettis, qui a été l'objet de nombreux commentaires. Bernard rapporte (*Transactions philosophiques de la Société royale de Londres,* ann. 1696, n° 223, art. 2, t. III, p. 188) que Dominique aurait pratiqué la néphrotomie sur le rein dans son intégrité, c'est-à-dire sans être guidé par aucune tumeur extérieure, sur Hobson, consul anglais à Venise, qui aurait survécu plusieurs années à l'opération dans un état de parfaite santé. Freind (*Hist. de la méd.,* tr. fr. de Coulet ; Leyde, 1727 ; in-12, t. II, p. 290) et J.-Guil. Pauli (*Annot. in J. Van Horne Microtechn.,* § 21) ont rapporté ce fait d'après Bernard. Hévin (*Mém. de l'Acad. de chirurg.,* éd. de l'*Encycl. des sc. méd.,* t. II, p. 276) discute longuement ce fait ; il en révoque en doute l'authenticité, et termine ainsi :

« Je veux cependant bien admettre, pour un moment, que Marchettis ait véritablement pratiqué la néphrotomie sur le rein dans son intégrité ; le cas n'était-il pas assez grave et assez extraordinaire pour que ce praticien, qui avait très-longtemps résisté aux sollicitations les plus vives et aux importunités du malade, par l'extrême répugnance qu'il avait d'entreprendre une pareille opération, ne se déterminât pas à la pratiquer sans y appeler quelques maîtres de l'art ? En supposant donc, comme on pourrait me l'objecter, la mort de Marchettis survenue peu de temps après cette opération, serait-il croyable qu'aucun des assistants n'eût songé, à son défaut, à en publier le détail ? Pourrait-on même se persuader que Pierre de Marchettis, propre père de ce praticien, qui aurait, sans aucun doute, été invité à cette opération, ou qui du moins en aurait eu quelque connaissance, *puisqu'il n'est mort que depuis son fils Dominique, en* 1673, n'eût tenu compte d'en insérer le détail dans ses papiers; ou enfin que ceux qui, après sa mort, furent chargés de recueillir ses manuscrits, eussent négligé de lui donner place, avec ses autres ouvrages posthumes, dans la 3e édition de son *Sylloge obs. med.-chir. rar.*, imprimée en 1675? Je crois du moins qu'on ne disconviendra pas que c'est toujours un témoignage bien essentiel qui manque à cette observation, etc. »

Je ne suis pas disp.. té à défendre l'authenticité de cette observation ; mais ce n'est pas, on le croira sans peine, ce dernier argument qui me porte à me rallier à l'opinion d'Hévin.

Pierre de Marchettis laissa deux fils, qui portèrent dignement son nom : Dominique et Antoine.

En commençant la notice biographique qu'il a consacrée à Dominique de Marchettis, dans son *Lyceum patavinum*, Charles Patin dit, et je comprends que cette idée ait dû lui sourire, à lui qui portait si bien le nom paternel, que les bons arbres produisent toujours de bons fruits. Dominique jeta en effet un assez vif éclat sur l'université que son père avait déjà illustrée. Né à Padoue en 1626, il fut nommé profes-

seur de chirurgie en 1662, passa en 1680 à la chaire
de médecine pratique extraordinaire, enfin à la chaire
d'anatomie en 1683. Il s'était formé à l'école de son
père et de Vesling ; Manget veut même qu'il ait été le
coadjuteur et le successeur de ce dernier. Coadjuteur soit, bien que je trouve dans Facciolati le nom
d'un autre coadjuteur de ce célèbre anatomiste (Leo-
nius Atestinus). Mais il fut, pour la chaire d'anatomie,
et c'est de celle-là qu'il s'agit, le successeur de Jac.
Pighius. Portal (*Histoire de l'anatomie et de la chirurgie* ; Paris, 1770, 7 vol. petit in-8°), qui a copié scru-
puleusement Manget, est tombé à ce sujet dans une
singulière inconséquence, que son adversaire acharné,
Goulin (1), n'a pas manqué de faire remarquer : dans
le même volume de son *Histoire de l'anatomie et de
la chirurgie,* à quelques pages de distance, il fait suc-
céder à la fois à Vesling Antoine Molinetti et Dominique de Marchettis.

Dominique acquit à Padoue, par son enseignement
et sa pratique, une réputation immense ; Papadopoli

---

(1) Voyez sa très-curieuse lettre à Fréron (Paris, 1771 ; in-8°
de 134 p.). C'est, dit Goulin, en parlant de l'*Histoire de l'anatomie et de la chirurgie* de Portal, un livre rempli d'erreurs de
toute espèce, de fautes grossières, de faits faux, de noms
ou supposés ou défigurés, de notices au moins superficielles,
d'extraits mal digérés, d'annonces de livres tronquées et mé-
connaissables, de jugements hasardés et portés sur le titre
seul du livre, de critiques mal fondées, et d'une omission de
plus de 150 auteurs (p. 1).

dit qu'il égala les anciens et surpassa tous ses contemporains. Il avait beaucoup écrit ; mais il n'a publié qu'un ouvrage d'anatomie, dans lequel il défend Vesling contre les attaques de Riolan, ennemi-né de toute découverte. Ce livre, dont Haller fait le plus grand éloge, porte le titre suivant : *Anatomia, cui responsiones ad Riolanum, anat. Paris., in ipsius animadversionibus contra Veslingium, additæ sunt;* Patav., 1652, 1654, in-4°; Hardervici, 1656, in-12; Lugd. Bat., 1688, in-12. Un certain Charles Torta, chancelier de l'Académie, s'était engagé à publier la correspondance que certains grands personnages qui avaient réclamé les soins de Dominique de Marchettis entretinrent avec lui; mais il ne tint pas sa promesse.

Dominique mourut à Padoue en 1688, *ex nimia Venere,* si nous en croyons Leal Leali (*Hebdomada febrilis;* Patav., 1717, in-4°, p. 73).

Antoine, le moins célèbre et certainement le moins méritant des trois de Marchettis, naquit à Padoue en 1640. Sous la direction de son père et de son frère aîné, il fit des études médicales brillantes, et fut nommé, vers la fin de 1659, professeur d'anatomie, et en 1683, professeur de chirurgie; il succéda à son père, dont il avait été d'abord le coadjuteur, dans cette première chaire. Ce n'était pas, si nous en croyons Facciolati, un professeur brillant. Charles Patin, qui, en bon collègue, fait son éloge, dit qu'il eut le mérite de démontrer le conduit qui va de la rate au duodénum, titre de gloire que la postérité n'a pas ratifié; il dit aussi qu'il montrait, dans ses cours,

des préparations admirablement conservées des vaisseaux du corps humain. Mais le talent que tous les
contemporains s'accordent à reconnaître à Antoine
de Marchettis, c'est celui d'avoir su, même dans sa
jeunesse, plaire à sa clientèle, qui fut immense. Il
n'a laissé aucun ouvrage, si ce n'est quelques fragments épars dans les recueils du temps et dans les
lettres de G. Desnoues (1) (Rome, 1706; in-8°). Il
mourut en 1730 et professa presque jusqu'à sa mort.

J'ai trouvé trace de deux autres de Marchettis : le
premier, dont parle souvent Morgagni, était un certain Pierre de Marchettis, neveu du chevalier, c'est
ainsi qu'il le désigne; le second, J.-B. de Marchettis,
professait la philosophie à l'Université de Padoue au
commencement du XVIIIe siècle (Facciolati). Je ne par-
lerais pas d'Al. Marchetti, si quelques auteurs ne
l'avaient confondu avec Pierre de Marchettis.

Mais revenons à celui qui doit seul nous occuper,
et donnons la liste des différentes éditions de son
livre; les exemplaires en sont devenus rares, et, bien
que j'aie frappé à la porte de toutes les bibliothèques,
je n'ai pu faire connaissance avec les diverses éditions
de son *Sylloge*.

Manget, le premier, et après lui Éloy (*Dict. hist. de*

---

(1) Ces lignes étaient déjà écrites et mon travail livré à l'impression, lorsque j'ai mis la main sur le livre de G. Desnoues.
Il n'y a rien dans cet ouvrage qui appartienne à A. de Marchettis, seulement ses prétendues découvertes anatomiques y
sont mentionnées et jugées sévèrement.

la médecine; Mons, 1778, 4 vol. in-4°) et Tarin (*Dict. anat.;* Paris, 1753, 1 vol. in-4°), attribuent à Pierre de Marchettis une Anatomie qui aurait paru à Venise en 1654, in-4°. J'ai conçu sur l'existence de ce livre les doutes les mieux fondés. Il est probable qu'il s'agit de l'Anatomie de Dominique; l'édition de Padoue, sous la même date, qui est ornée d'un portrait de Pierre de Marchettis, et suivie de son observation de plaie par arrachement, prête facilement à la confusion. Éloy, qui a voulu tout concilier, dit, à l'article *Dominique de Marchettis,* que celui-ci a publié l'ouvrage de son père avec des notes de sa façon. Cela seul me prouverait qu'il n'a jamais vu le livre dont il s'agit et dans lequel il n'y a pas de notes. C'est un abrégé d'anatomie, avec de très-nombreuses réponses à l'adresse de Riolan, et quelques digressions au milieu desquelles j'ai retrouvé quelques-uns des faits de la pratique de Pierre de Marchettis. La confusion est si facile entre Pierre de Marchettis et son fils Dominique, que j'en trouverais de tous côtés des preuves; en voici une entre autres, et elle démontre en outre qu'il ne doit pas exister d'anatomie de Pierre de Marchettis. P. Sue dit dans ses *Essais historiques et littéraires sur les accouchements* (Paris, 1799; in-8°, t. II, p. 158) : « *Pierre de Marchettis,* médecin et chirurgien de Padoue, dit dans son *Abrégé anatomique* que la matrice peut sortir entièrement du corps, et qu'il l'a quelquefois réduite. » Or ceci appartient à Dominique et se trouve à la page 79 de son Anatomie (éd. de Leyde, 1688, in-12).

Je n'ai donc à m'occuper que du *Sylloge observa-tionum medico-chirurg. rar.*, qui a eu de nombreuses éditions : je ne parle avec détails que des éditions que j'ai vues; je donne l'indication des autres sous toutes réserves, et sur la foi des bibliographes dont je cite les noms.

1° Padoue, 1664; in-8° (Manget, Haller, *Biblioth. chir.*; Berne, 1774, in-4°, p. 358. Heister, *Institu-tions de chir.*, tr. fr.; Paris, 1771, in-8°, t. I).

2° Amst., 1665; in-12. Manget cite, sans doute par erreur, deux éditions de cette même date qui auraient paru toutes les deux à Amsterdam : l'une sans les trois traités des fistules de l'anus, des fistules de l'urèthre, et du spina ventosa; l'autre avec ces opus-cules. Je connais trois exemplaires de cette dernière : le premier à la Faculté de Médecine, le deuxième à la Bibliothèque impériale; le troisième m'a été gracieu-sement confié, pendant tout le temps qu'il m'a fallu consacrer à mon travail, par M. le Dr Trélat, à qui il appartient. C'est un petit volume in-12, assez élé-gamment imprimé, de 212 pages, y compris le titre imprimé et la table des matières (12 p.), intitulé : *Petri de Marchettis, Patavini, equitis D. Marci, et in patrio gymnasio chirurgiæ olim nunc vero anatomes professoris, Obs. medico-chir. rar. Sylloge*; Amst., ex off. P. Le Grand, 1665. Cette édition contient 63 ob-servations, plus le traité *des fistules à l'anus*, celui *des ulcères de l'anus* (avec l'obs. de la queue de co-chon), celui *des ulcères* et *des fistules de l'urèthre*, et celui *du spina ventosa.*

3° Amst. , 1675 ; in-4° (Éloy), in-8° (Dezeimeris, *Dict. hist. de la médecine;* Paris, 1828-36, 4 vol. in-8°).

4° Padoue , 1675 ; in-8°. Cette édition posthume contient quelques nouvelles observations. Je désespérais presque de la rencontrer, lorsque mon jeune ami M. Cl.-A. Martin, qui promet de porter dignement un nom cher à la chirurgie lyonnaise , a bien voulu se dépouiller, en ma faveur, d'un exemplaire qui se trouvait dans sa bibliothèque. C'est un petit volume in-8° de 142 pages, non compris la table des matières, avec un titre imprimé et un titre gravé sur lequel on voit Pierre de Marchettis se livrant à l'exercice de son art, volume assez mal imprimé par un certain Jac. de Cadorinis, qui y a mis une épître dédicatoire de sa façon , adressée à un médecin nommé Bortoli.

5° Et.-J. Vigiliis de Creutzenfeld (*Biblioth. chirurgica;* Vindob., 1781, 2 vol. in-4°) cite une édition de Bologne, 1692, in-8°.

6° Londres, 1729 ou 1730 (Éloy, Haller) ; in-8°. Je crois avoir vu, mais à une époque où cela ne m'intéressait guère, un exemplaire de cette édition ; elle est, ce me semble, ornée d'un portrait.

7° Enfin une dernière édition latine, qu'il m'a été pénible de ne pouvoir trouver, et qui n'existe pas dans nos bibliothèques publiques, est celle qu'a donnée à Naples, en 1772, Cotugno. C'est un volume in-12, avec portrait, intitulé : *Petri de Marchettis, Patavini, Observ. et tractat. medico-chirurgici.* Cette édition, dit Desgenettes dans sa notice biographique sur Cotugno (*Mélanges de méd.* ; Paris, 1827, in-8°, 1ʳᵉ partie, p. 1), très-soignée sous le rapport de la correction du texte, est dédiée à don Dominique de Gennaro, duc de Belforte, gouverneur du grand hôpital de Naples, et philanthrope distingué. Une élégante et solide préface de Cotugno se trouve en tête de cet écrit. Mes lecteurs regretteront sans doute autant que moi que je n'aie pu trouver l'édition dont il s'agit, et leur donner l'introduction de Cotugno, au lieu de la mienne.

Une des observations les plus remarquables de Pierre de Marchettis, qui a trait à une plaie par arrachement, a paru séparément plusieurs fois, et d'abord en une feuille in-4°, à Padoue, en 1654, publiée par un des élèves de l'auteur, J. Martini (dans Manget, Marsini, par une erreur typographique), Allemand. Cette observation, que j'ai vue jointe à l'édition de l'Anatomie de Dominique, imprimée la même année chez le même imprimeur (*ad Matth. Cadorinum*), a quelques détails insignifiants de plus que l'observation qui se retrouve dans le *Sylloge* ; elle est précédée d'une dédicace à Pierre de Marchettis, dans laquelle Martini se compare à un fleuve qui va se jeter dans la mer (il va sans dire que la mer n'est autre chose que Pierre de Marchettis), et d'une préface, empreinte du même lyrisme, adressée aux étudiants. Dezeimeris en cite une édition de 1658.

Le *Sylloge* a été traduit en allemand, 1673, in-8°

(Haller, d'après Vater); 1676, in-12 (Haller, Heister).

Enfin il en existe une traduction française, qui fait partie d'un recueil d'observations et histoires chirurgiques, traduites de latin en français par un docteur-médecin (que l'on dit être Th. Bonet), et imprimées à Genève, 1669-70, en 2 volumes in-4°. Nous devons à ce même docteur-médecin anonyme une traduction de G. Fabrice de Hilden, et de la Médecine efficace de Marc-Aurèle Séverin. Il a mis, dans un de ses volumes, Pierre de Marchettis en compagnie de P. La Forest, Félix Plater et Balthazar Timœus, mais comme par grâce et sans en faire grand cas sans doute; car, après avoir fait l'éloge des trois premiers observateurs dans sa préface, il s'exprime ainsi : « Et pour faire un juste volume, j'ay ajouté à ce triumvirat Pierre de Marchettis, professeur d'anatomie et de chirurgie à Padoue, duquel les observations voyent le jour en latin et en français presque en même temps. » C'est sans doute aussi pour faire un juste volume que ce traducteur a cru pouvoir supprimer quelques-unes des observations, et ce ne sont pas les moins intéressantes, de P. de Marchettis; et cependant il lui restait *quelques pages vuides*, qu'il a remplies à l'aide d'observations empruntées à Scultet et à M.-A. Séverin.

Quoi qu'il en soit du jugement de notre docteur-médecin, de si nombreuses éditions se succédant rapidement témoignent du succès de l'œuvre de P. de Marchettis. Il serait facile de prouver que ces observations n'en sont pas mieux connues; nous y reviendrons. Mais signalons de suite cette erreur singulière qui s'est perpétuée depuis Éloy jusqu'à nos jours, à savoir : que le recueil de P. de Marchettis contient 53 observations seulement. Un simple coup d'œil jeté sur son livre eût prouvé le contraire; mais ce n'est pas ainsi qu'on écrit l'histoire.

Il ne manquait à la gloire de P. de Marchettis qu'une consécration, celle du plagiat; elle ne se fit pas attendre. Voici l'aventure, d'après Haller (*op. cit.*, p. 739) et quelques autres. J.-B. Lamzweerde, médecin du XVIIe siècle, fougueux ennemi de Descartes, qu'il accuse d'avoir emprunté de Platon, d'Aristote et de Galien, tout ce qu'il y a de bon dans ses ouvrages, a donné une édition de Scultet plusieurs fois réimprimée (Amst., 1672, in-8°; Leyde, 1693, in-8°, par les soins de J. Tiling, qui y a joint les observations de Verduin le fils; Amst., 1741, in-8°, avec les corrections de J.-Chr. de Sprogel); il a enrichi cette édition de 103 observations, que ce méchant homme (*pessimus homo,* dit Haller) a empruntées pour la plupart à Pierre de Marchettis, sans le citer, bien entendu, et en prenant le soin de changer les noms d'hommes et de lieux. Chose curieuse, Éloy accuse Lamzweerde d'avoir volé 103 observations à Pierre de Marchettis, qui, d'après ce même Éloy, n'en aurait publié que 53.

Ce larcin fut signalé, comme l'indiquent Haller et Éloy, par Th. Jansson d'Almeloveen dans son curieux livre intitulé *Inventa nov. antiqua* (in-12, p. 28; Amst.,

1684) (1); et cependant, si nous recourons au texte même de Jansson d'Almeloveen, une nouvelle difficulté surgit. Jansson d'Almeloveen, en effet, ne parle pas de Pierre, mais bien de Dominique de Marchettis. Voici le passage : « Ut igitur vineta cædam nostra, « hujus rei nobile satis æque ac illustre exemplum « nobis præbet doctissimus alioquin dominus (J. B. « D. L.), qui observationes rariores a se, ut perhi- « bet observatas, de verbo fere ad verbum ex obser- « vationibus Dominici de Marchettis, chirurgiæ Pata- « vii quondam professoris, descripsit, mutatis chi- « rurgorum platearumque et locorum nominibus; « quemadmodum unusquisque qui diligens observa- « tionum lector est, facile reperiet. »

A priori, j'étais en droit d'admettre une erreur matérielle dans l'ouvrage de Jansson d'Almeloveen, d'autant qu'on ne peut prendre qu'à ceux qui possèdent, et que Dominique de Marchettis n'a pas, que je sache, publié d'observations; mais il était plus simple et plus sûr de comparer les textes : c'est ce que j'ai fait. Jean-Christophe de Sprogel, qui a donné

---

(1) Dans un autre ouvrage du même auteur, intitulé *Syllabus plagiariorum* (Amst., 1694; in-12), il n'est pas question de J.-B. Lamzweerde.

Je n'ai pu consulter le livre suivant, dans lequel il y a un chapitre consacré aux médecins plagiaires, et dans lequel il est fait mention de Lamzweerde : *Tractatus philologico-physico-medici septem,* par David de Grabner ou Grebner; Breslau, 1707, in-4°.

la belle édition de Scultet de 1741 (2 vol. in-8°), dit,
en parlant de la part qui revient à Lamzweerde dans
ce livre, que ce sont des observations *colligées* (*col-
lectæ*) par cet écrivain. Colligées, soit, si colliger et
voler sont synonymes; car je me suis convaincu que
l'accusation était vraie, et j'ai acquis les preuves d'un
des actes de piraterie scientifique les plus audacieux
qui se puissent voir. Le procédé dont J.-B. Lamzweerde s'est servi pour essayer de déguiser son larcin est assez curieux : tandis qu'il copie mot à mot
les circonstances véritablement importantes de l'observation, il jette sur le reste toutes les broderies de
son style, et met partout où il peut de la couleur lo-
cale, affublant les malades de P. de Marchettis, qui
n'en peuvent mais, de noms tudesques, imaginant
ou prenant pour complices des chirurgiens fantasti-
ques ou inconnus.

Malgré la dénonciation en règle de Th. Jansson
d'Almeloveen, le larcin resta inaperçu du plus grand
nombre, et, quelques années plus tard, Stalpart Van
der Wiel (*Observ. rares*, trad. par Planque, 2 vol.
in-12; Paris, 1758), plus recommandable par la quantité que par la qualité de son érudition, cite souvent,
dans les commentaires qu'il a ajoutés à ses observations, les observations de Pierre de Marchettis et
celles de Lamzweerde, qu'il considère à juste titre
comme analogues.

Avant d'aller plus loin, disons que nous avons pris
le soin d'indiquer toutes les observations qui ont été
copiées par J.-B. Lamzweerde; nous renvoyons tou-

jours à l'édition de Scultet donnée par Tiling (Leyde, 1693 ; 1 vol. in-8°).

J'ai traduit en français toutes les observations de Pierre de Marchettis. Mon travail aura ainsi, à défaut d'autre mérite, celui de donner une nouvelle édition de l'ouvrage, devenu rare, du chirurgien de Padoue. J'ai trouvé plus court de faire une nouvelle traduction que d'essayer de rajeunir les formes vieillies du langage, du reste peu respectable, du traducteur de 1669. Plus je me suis familiarisé avec cette traduction, plus je me suis convaincu qu'elle ne peut être l'œuvre de Th. Bonet ; c'est peut-être sans preuves suffisantes qu'on a fait peser sur lui la responsabilité des erreurs singulières et des énormes contre-sens dont cette œuvre est remplie.

J'ai ajouté quelques notes à ma traduction, mais j'ai cru devoir en être avare. Il eût été superflu, à mon sens, de faire, à propos des observations de l'auteur, l'histoire complète du point scientifique auquel chacune d'elles se rapporte ; cette histoire a du reste été tracée le plus souvent par des plumes plus autorisées que la mienne. Je me suis borné à recueillir çà et là quelques commentaires de ces observations et à rectifier quelques erreurs ; j'ai été amené ainsi parfois à critiquer certains travaux, mais je crois l'avoir fait toujours avec la plus grande réserve. Il n'y a pas lieu de s'étonner du reste que je connaisse mieux un auteur qui a été pendant quelque temps l'objet exclusif de mes études, que ne le connaissent ceux qui ont embrassé l'histoire entière de la chirurgie.

Respectant constamment le texte de l'ouvrage que je traduisais, j'ai conservé toutes les formules pharmaceutiques surannées qui s'y trouvent, mais j'ai cru inutile de les expliquer dans des notes qui auraient été sans profit; d'ailleurs, pour plus de franchise, je dois avouer qu'il en est un certain nombre dont l'intelligence m'échappe.

Mais, de peur que le lecteur ne s'égare dans la lecture de ce recueil, qui, à côté d'observations importantes, en contient d'autres d'une valeur beaucoup plus contestable, je veux indiquer rapidement les points les plus saillants de cet ouvrage et essayer d'en apprécier la portée. C'est ce que je me propose de faire dans les pages suivantes.

Parmi les chirurgiens contemporains de Pierre de Marchettis qui étudièrent à Padoue, plusieurs rendent hommage, dans les ouvrages qu'ils ont laissés, à sa science profonde, à son habileté dans la pratique de l'art, et à son talent professoral; quelques-uns, entre autres Scultet (*l'Arcenal de chirurgie*, in-4°; Lyon, 1672) et J. Rhodius (J. Rhodii, *Observ. med. patav.*, in-8°; 1657), nous ont conservé des faits intéressants empruntés à sa pratique, qu'il a négligé lui-même de rapporter dans son *Sylloge*, et dont je ferai, s'il est possible, mon profit en temps et lieu. Haller, toujours si bon juge quand il s'agit d'histoire et de bibliographie médicales, rend un compte très-exact, dans sa *Bibliotheca chirurgica* (in-4°, t. I, p. 358; 1774), du recueil d'observations de notre auteur, qu'il appelle *masculæ chirurgiæ stator*. L'épithète lui convient. On trouve, en effet, dans ses observations bon nombre d'opérations délicates, heureusement instituées, et pratiquées avec une habileté qui, de son temps, était devenue en quelque sorte proverbiale. Cette hardiesse qu'il apporte dans la pratique de son art, il ne l'a pas toujours dans la théorie; il hésite souvent entre l'autorité et l'expérience, ou bien, si elles se trouvent être d'accord, il donne la préférence à la première. Veut-il par exemple réfuter M.-A. Séverin, il a de bonnes raisons à donner, mais il commence par invoquer Galien; s'il fonde quelque part une théorie sur la circulation du sang, il s'empresse aussitôt d'en donner une autre, pour ne pas contrarier ceux qui n'acceptent pas cette découverte subversive; dans un autre endroit, il plaide en faveur du simple pansement des plaies, et cependant il sacrifie, comme les autres, à la polypharmacie galénique. Ces incertitudes ne laissent pas que de se refléter dans son style; il y a des restrictions, des amendements; il y a aussi des répétitions fréquentes qui n'arrivent pas à rendre sa pensée plus claire. Enfin, pour en finir avec cette critique, qui servira du moins à prouver que je ne suis pas un éditeur trop indulgent, reconnaissons qu'en maints endroits sa latinité est loin d'être irréprochable.

Arrivons au compte rendu des observations de Pierre de Marchettis, en allant, comme lui-même, *a capite ad calcem*. Il en est un certain nombre qui sont consacrées aux plaies de tête et aux applications du trépan. L'histoire des révolutions qu'a subies l'emploi du trépan serait curieuse à tracer ; manié avec audace par les chirurgiens anciens, vivement recommandé par l'Académie de chirurgie, il chancela sous le poids de la proscription que Desault fit peser sur lui, si peu légitimée que celle-ci ait été par les raisonnements plus spécieux que solides de Bichat, et tomba enfin pour ne plus se relever ; peut-être, s'il ne méritait pas cet excès d'honneur, ne méritait-il pas non plus cette indignité.

Quoi qu'il en soit, l'habileté de Pierre de Marchettis à pratiquer l'opération du trépan était grande (voy. Scultet, trad. franç., in-4°, p. 5 ; Lyon, 1672) et ses succès furent nombreux. Il faut bien reconnaître, du reste, que tous ceux qui ont pratiqué l'opération dont il s'agit pour des accidents qui peut-être auraient guéri sans cela ont compté de nombreux succès, et puis il faut tenir grand compte de la question de climat et de lieu. Les chirurgiens allemands qui avaient suivi la pratique de Pierre de Marchettis à Padoue savaient fort bien qu'ils ne pouvaient chez eux être aussi audacieux que leur maître (Th. Bartholin, coll. de Bonet, t. I, p. 416 ; voy. aussi Dionis, *Cours d'opérations,* 8ᵉ édit., p. 409 ; Paris, 1777).

Si nombreuses que soient les observations de notre auteur sur ce sujet, il faut bien reconnaître qu'elles ne l'ont pas conduit à avoir une doctrine qui lui fût propre, et qu'il a mauvaise grâce à reprocher à Hippocrate ses contradictions, lui qui n'est pas exempt de ce même défaut.

Quoi qu'il en soit, ses observations servent à établir :

1° La gravité moins grande qu'on ne le supposait des plaies de tête avec perte de substance d'une partie du cerveau.

2° L'innocuité de la lésion des sinus. Les auteurs anciens, redoutant des accidents formidables, avaient formellement défendu qu'on appliquât le trépan au niveau des sinus de la dure-mère. Pierre de Marchettis, un des premiers, observa un cas de blessure du sinus longitudinal supérieur (il est inexact de dire, avec M. Velpeau, *Médecine opératoire,* t. III, p. 6, qu'il l'ouvrit) qui fut suivi de guérison. On peut rapprocher de ce fait l'observation de Warner (*Observations de chirurgie,* trad. de l'angl., in-12, p. 1; Paris, 1757), que la plupart des auteurs classiques ont eu le tort de ne pas reproduire *in extenso,* bien que la terminaison funeste ne puisse pas être attribuée à la lésion du sinus, mais bien à un second accident. Ce sont ces faits qui inspirèrent à Pott (OEuvres, trad. franç., t. I, p. 152) l'idée hardie d'ouvrir avec une lancette le sinus longitudinal.

3° On trouve aussi, parmi ces cas d'application du trépan, un exemple d'accidents épileptiformes survenus à la suite d'une plaie de tête et guéris par le trépan. Beaucoup d'auteurs, pour plus de brièveté sans doute, ont, pour cette observation et pour quelques autres analogues, dit simplement : *Épilepsie guérie par le trépan.* Il est vrai que par une analogie peut-être illégitime, on a trépané pour des épilepsies essentielles; mais, dans ce dernier cas, les résultats ont été au moins douteux. Autre chose est de pratiquer le trépan dans les cas de plaies de tête suivies d'accidents épileptiformes, on attaque une cause matérielle d'où part l'aura epileptica ; mais, dans le cas d'épilepsie essentielle, la trépanation est une opération qui n'aurait aucune excuse, si elle n'en trouvait peut-être une dans l'effroyable gravité de la maladie et dans l'inutilité de tous les autres moyens thérapeutiques qu'on peut lui opposer.

Les observations sur les plaies de tête sont nombreuses dans l'œuvre de Pierre de Marchettis, et il en est quelques autres sans doute sur lequelles je pourrais appeler l'attention ; mais je ne veux pas, dans cette analyse rapide, déflorer entièrement l'ouvrage dont je donnerai tout à l'heure la traduction, et je passe aux maladies des différentes parties de la face.

Je trouve :

1° Pour les yeux, quelques opérations hardies et habiles, une observation curieuse de corps étranger de l'orbite. Quant au long chapitre sur la fistule lacrymale et à ce que P. de Marchettis appelle sa méthode de traitement, j'avoue que je ne puis en faire grand cas ; la thérapeutique de la fistule lacrymale était encore à faire. Sprengel semble le louer de ce qu'il fût le premier qui se déclara contre la perforation de l'os unguis ; il faudrait plutôt le blâmer d'avoir peut-être retardé l'éclosion de la méthode de Woolhouse, qui, faisant à dessein ce que faisaient aveuglément les anciens, a eu le mérite de créer pour la fistule lacrymale un mode de traitement nouveau et efficace, bien qu'exceptionnel.

2° Pour les oreilles et le nez, des observations de polypes, et une observation intéressante de fracture du nez.

3° Pour la bouche et le cou, une observation d'adhérences de la langue au plancher de la bouche à la suite d'une plaie par arme à feu, des observations de grenouillette, une tumeur hydatique du cou.

Les observations que Pierre de Marchettis a consacrées aux maladies de poitrine sont presque toutes fort intéressantes, soit qu'elles aient trait aux lésions de la cage thoracique, soit qu'il s'agisse des organes contenus : ainsi nous trouvons d'excellents préceptes sur le traitement des fistules des parois thoraciques succédant à quelque lésion osseuse, des opérations heureuses d'empyème, et de bonnes raisons données en faveur de cette opération. L'opération de l'empyème, aussi ancienne dans la science que l'opération du trépan, n'a pas, comme celle-ci, passé par des alternatives de grandeur et de décadence; mais il y a toujours eu lutte à son sujet entre la chirurgie timide et la chirurgie hardie. Ai-je besoin de dire que Pierre de Marchettis était dans ce dernier camp?

Nous trouvons aussi une observation authentique d'anévrysme aortique. C'était chose nouvelle à l'époque, puisque, au rapport de Morgagni (17ᵉ lettre), en 1670, c'est-à-dire à peu près au moment où P. de Marchettis publiait son livre, un médecin qui d'ailleurs, dit-il, avait de l'érudition, Joach.-G. Elsner, mit pour titre à une observation, en parlant d'un anévrysme de l'aorte trouvé par Guil. Riva : *Para-*

doxe relatif à l'anévrysme aortique; et il ne balança pas à affirmer que l'anévrysme se forme rarement ou jamais dans les grosses artères, et qu'il paraît étonnant qu'il ait pu se développer dans l'aorte même.

Je passerais volontiers rapidement sur les autres observations de Pierre de Marchettis, non pas qu'elles soient sans importance, mais il me serait difficile d'en donner une idée suffisante dans ce compte rendu. Qu'il me suffise de signaler une observation de plaie de l'abdomen avec issue de l'épiploon ; des remarques sur les tumeurs du foie ; un certain nombre d'erreurs singulières de diagnostic qui sont de nature à édifier le lecteur sur le savoir des barbiers et des sages-femmes de l'époque ; une opération de paracentèse abdominale dont l'honneur doit lui revenir, mais dont il a négligé de nous rendre compte dans son *Sylloge.* Le fait nous a été conservé par J. Rhodius, voici en quels termes ; l'histoire est assez courte pour que je prenne la peine de la transcrire.

« Le 29 avril 1635, à l'hôpital Saint-François, Pierre de Marchettis fit à une jeune fille de la campagne qui avait assez bonne mine, mais était peu robuste, et était affectée d'ascite, une incision des parois abdominales, à trois doigts au-dessous et à gauche de l'ombilic, et retira de la sorte environ 4 livres d'une eau jaunâtre. Deux jours après, la plaie était fermée. On administra ensuite à la malade des apéritifs et des corroborants pour l'estomac et le foie. Elle guérit parfaitement, et l'année d'après accoucha d'un garçon. » (J. Rhodii, *Obs. path.*, 1657 ; in-8°, cent. III, obs. 14, p. 136.)

Enfin je ne fais que rappeler l'observation bien connue de plaie par arrachement, et je renvoie aux *Mémoires de l'Académie de chirurgie* (éd. de l'*Encycl. des sc. méd.*, in-8°, t. I, p. 480) ceux qui voudraient la comparer avec des cas analogues.

Les trois traités qui se trouvent à la suite des observations de Pierre de Marchettis sont moins précieux, dit Portal (*op. cit.*), que ces observations. Peut-être accepterais-je le jugement de Portal, si j'étais autorisé à penser qu'il les a lus. Mais, en tout état de cause, comment Portal pouvait-il établir un parallèle entre ces traités, qu'il ne connaissait peut-être guère, et les observations, qu'il ne connaissait pas du tout, ce que je prouverai plus loin surabondamment? C'est un de ces mystères qu'il n'est pas donné à tout le monde de pouvoir pénétrer. Laissons donc là le jugement de Portal, et reconnaissons que, des trois traités que Pierre de Marchettis a placés à la suite de ses observations, le premier tout au moins est remarquable. Description complète des différentes formes de fistules à l'anus, indications précises et procédés de traitement ; tout indique un chirurgien expérimenté. Chacun sait que Pierre de Marchettis propose, dans ce travail, un gorgeret de son invention, auquel son nom est demeuré attaché, et qui a été torturé vingt fois depuis par le génie inventif des chirurgiens. Je reviendrai sur l'histoire de ce gorgeret. Un mot encore avant de quitter ce sujet. N'est-il pas singulier que, quelques années après la publication de ce traité, la chirurgie française se soit trouvée éperdue et en désarroi devant la fistule de Louis XIV; et cela ne prouve-t-il pas que la chirurgie italienne l'emportait alors sur la chirurgie française?

C'est à la suite du traité *des fistules de l'anus* que se trouve placée l'observation fameuse de corps étranger introduit dans l'anus.

Les observations posthumes sont toutes relatives aux maladies des parties génitales externes de la femme.

Le traité *des fistules de l'urèthre* et celui *du spina ventosa* sont beaucoup moins intéressants. Peut-on d'ailleurs prononcer maintenant sérieusement le nom de *spina ventosa,* qui ne répond plus à rien dans l'état actuel de la science?

Mais il est temps que je m'efface et que je laisse la parole à Pierre de Marchettis.

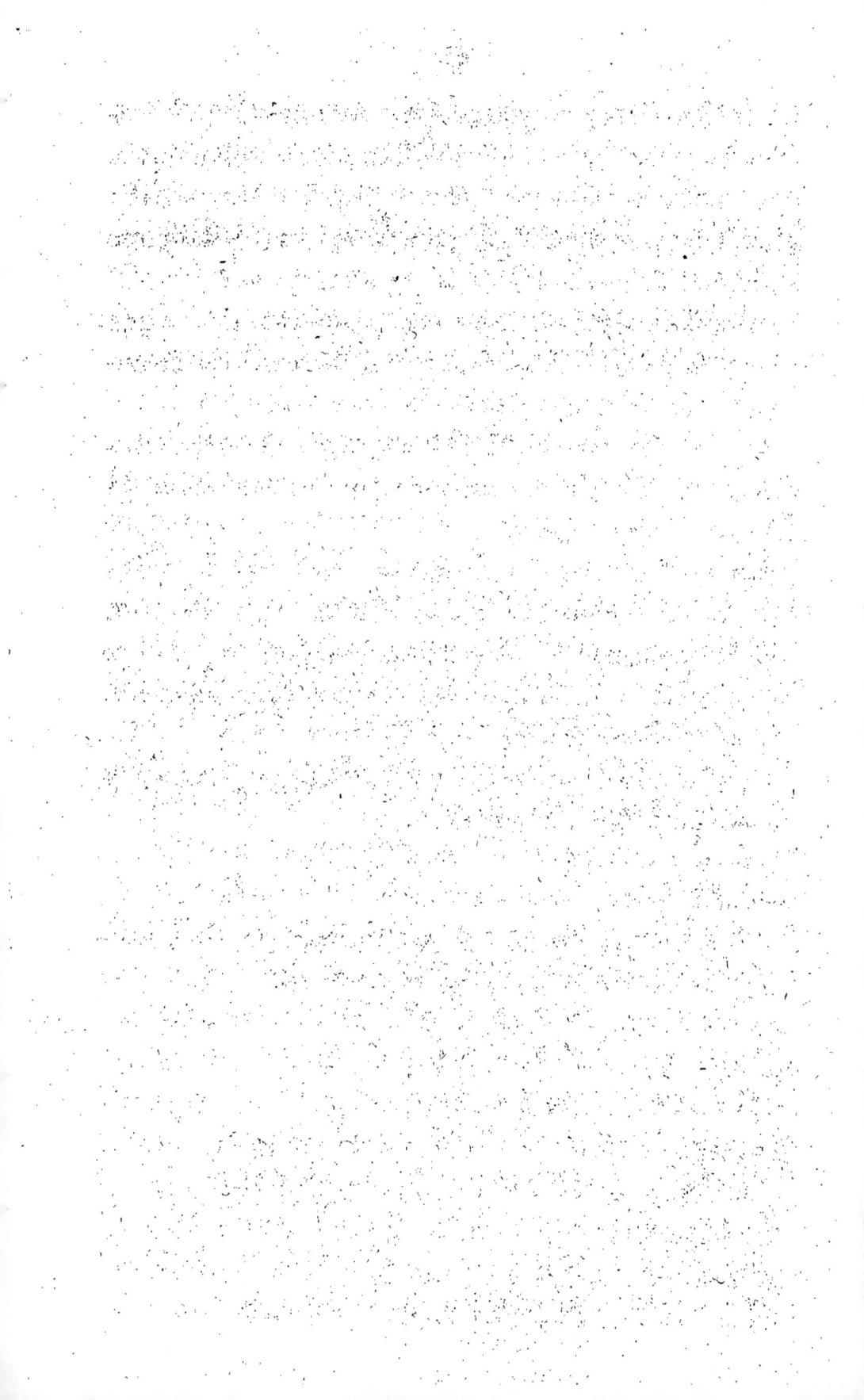

RECUEIL

D'OBSERVATIONS RARES

DE MÉDECINE ET DE CHIRURGIE.

OBSERVATION Ire. — *Plaie avec fracture du crâne et issue d'une portion du cerveau chez un vieillard de 60 ans.*

Bien que j'eusse été sollicité souvent de faire imprimer mes observations de médecine et de chirurgie, je ne m'y étais point décidé, parce que mes élèves avaient été témoins, soit à l'hôpital, soit en d'autres lieux, et avaient pris note de chacun de ces faits. Je pensais donc qu'il était superflu de les mettre au jour ; mais, quelques-uns de mes amis m'ayant tourmenté de nouveau, j'ai résolu de donner au public au moins les faits les plus rares de ma pratique. Qu'on sache bien cependant que je ne veux pas faire un cours complet de chirurgie à l'usage de ceux qui en commencent l'étude, mais seulement donner connaissance de quelques observations rares ayant trait aux maladies qui affectent le corps humain, de la tête aux pieds. Comme je ne saurais cependant me rappeler toutes les circonstances que les auteurs ne négligent

3

pas d'habitude, à savoir : le nom des malades, la durée de la maladie, etc., on ne s'étonnera pas de me voir passer le plus souvent ces détails sous silence, d'autant que depuis cinquante ans et plus, que j'exerce la médecine et la chirurgie, je n'ai pris aucune note sur les faits qui se sont présentés à moi. Quelles que soient ces observations, je te les présente de bon cœur, savant lecteur (1).

Pour commencer par la tête, j'ai donné des soins, en présence de l'exc. D. Vesling, alors mon élève, du très-érudit Jean Rhodius, et d'un grand nombre d'étudiants, à un vieillard de 60 ans qui était tombé la nuit dans un escalier sur une marmite en cuivre. Il en résulta une plaie, avec écartement de la suture coronale, de telle sorte que les os du sinciput pouvaient être ébranlés en tous sens. Dans ce point, qui est cartilagineux dans l'enfance, je trouvai les os fracassés ; et, ayant extrait les fragments, il resta un trou de la grandeur d'une grosse noisette, par lequel sortit une portion de cerveau corrompu. Cependant le malade fut guéri de la manière que je vais dire, et vécut dix ans et plus en bonne santé.

---

(1) Cet aveu est de nature à effrayer les lecteurs. Je puis, pour les rassurer, leur affirmer que certaines observations de P. de Marchettis ont été le plus souvent rapportées d'une façon fort incomplète par Rhodius et quelques autres de ses contemporains. Il est à regretter toutefois que P. de Marchettis, qui savait observer, ait confié seulement à sa mémoire des détails minutieux qu'elle n'a pas su conserver.

J'agrandis d'abord la plaie avec le fer tranchant ; puis je retirai les fragments osseux, et je vis les membranes déchirées et contuses, qui tombèrent en pourriture, ainsi que la partie du cerveau qu'elles recouvraient. Pendant ce temps, j'appliquai sur les membranes, pendant deux ou trois jours, du miel rosat, puis de l'huile de pin (térébenthine) mêlée avec du miel rosat, pour déterger et faire résoudre la matière qui y était arrêtée ; après quoi, pour fortifier la partie, j'employai un peu de baume noir occidental et d'huile d'hypericum. Mais ce qui est remarquable, c'est que, comme j'abstergeais, matin et soir, avec du coton, le cerveau contus, avant d'y appliquer les médicaments, je vis une portion de celui-ci s'élever, rougir sous l'influence des médicaments susdits, se couvrir de bourgeons, et recouvrir toute la partie lésée. Il me suffit alors d'appliquer sur ce point de la charpie enduite d'onguent de tuthie, et par-dessus du cérat diachalcitéos. A l'aide de tous ces moyens, le malade fut guéri dans l'espace de deux mois. Est-il besoin de dire que je ne négligeai pas d'avoir recours aux moyens généraux, par exemple aux clystères, à la saignée de la salvatelle ; de temps en temps aussi, aux ventouses scarifiées et non scarifiées, aux lénitifs, aux altérants ; enfin que je le soumis à un régime de vie convenable ; en un mot, que je mis en œuvre tout ce qui était propre à empêcher l'inflammation et la fluxion ?

OBSERVATION II. — *Plaie de la partie postérieure*

de la tête, avec fracture du crâne et séparation d'une
partie du cerveau corrompue.

J'ai donné des soins à un malade âgé de 40 ans, qui avait été blessé à la partie postérieure de la tête, un peu au-dessus de la suture lambdoïde. La plaie avait quatre travers de doigt d'étendue ; l'os remuait au toucher, et les membranes ainsi que le cerveau étaient déchirées. Immédiatement après l'accident, un barbier avait appliqué sur la plaie des étoupes imbibées de blanc d'œuf. Ayant été appelé le jour suivant, je mis sur le cerveau de la charpie sèche très-fine ; sur les membranes qui étaient enflammées, de l'huile rosat ; sur les lèvres de la plaie, du digestif rosat ; enfin un liniment simple, des cataplasmes *céphaliques,* et des embrocations d'huile rosat, tout autour de la partie lésée. Tous les jours, j'abstergeais avec du coton les points du cerveau blessés et corrompus ; bientôt j'employai l'huile d'hypericum. Je m'en servais depuis quatorze jours, lorsque je vis s'élever des bourgeons vermeils ; alors j'eus recours à l'onguent *ex betonica* (1), que j'appliquai sur ces bourgeons eux-mêmes, pendant quelques jours, dans l'intention d'aider à leur développement. Enfin j'amenai la cicatrisation à l'aide de charpie fine et de cérat diacha-

---

(1) J'ai promis de sacrifier la pharmacie ; mais l'onguent *ex betonica* revient si souvent dans cet ouvrage, et était alors si célèbre à Padoue, qu'il est assez curieux d'en connaître la composition. Voici la formule ; je l'emprunte aux remarques de G.-J. Velschius ajoutées aux observations de Marcel Cuma-

lciteos , et le malade fut complétement guéri en cinquante jours.

Il est bon de remarquer que dans toutes les blessures soit de la tête, soit des autres parties du corps,
à moins qu'elles ne soient de peu d'importance , il
faut toujours instituer un traitement général , à savoir : les émissions sanguines, les lénitifs, les altérants
et les purgatifs , et prescrire un régime de vie convenable : c'est ce à quoi je m'appliquai chez ce malade. Que ceci soit dit une fois pour toutes, afin de
n'avoir plus à y revenir.

OBSERVATION III. — *Portion du cerveau sortie par
une fracture du crâne, avec la dure-mère et la pie-
mère qui y étaient attachées.*

J'ai donné des soins à Car. Justachini, citoyen pa-
douan, qui avait reçu un coup d'épée sur la tête, près
de la suture sagittale. Il y avait lésion du crâne et des
membranes : en effet la lame vitrée était séparée de
la première et de la lame spongieuse, dans une étendue qui surpassait en largeur l'épaisseur du pouce,
en longueur celle du doigt annulaire. Cette lame était
non-seulement séparée des parties dont je viens de
parler, mais encore contuse, et rompue comme la

---

nus (Coll. de Bonet, t. II, p. 264) : «Recipe succi betonic. libras
«duas, succi matri silvæ libram unam , verbenæ, pimpinell. sal-
«viæ, rorismarin. ana uncias sex, ol. rosarum libras quatuor, re-
«sin. pini libras sex, ceræ albæ libras quatuor, terebinth. libras
«tres, gummi elemi uncias sex, ol. abiegni uncias sex. Misce.»

dure-mère, qui lui adhérait. Immédiatement après l'accident, un barbier agrandit la plaie, et mit en usage les médicaments appropriés, dont j'ai parlé dans l'observation précédente, et sur lesquels je ne reviens pas. Le jour suivant, à cause des symptômes qui indiquaient le trépan, je fis une ouverture à l'os ; une certaine quantité de sang épanché sortit par cette ouverture ; j'appliquai ensuite pendant quelques jours les médicaments propres à combattre l'inflammation et la contusion de cette membrane, suivant la méthode que j'ai déjà indiquée. Mais, comme dans la suite j'abstergeais les parties avec du coton roulé autour d'un stylet, je sentis que la lame vitrée remuait çà et là, de telle sorte que je me vis forcé de faire une nouvelle application de trépan près de la première, afin d'extraire la lame vitrée séparée des autres parties de l'os ; mais ce fut en vain, parce que le fragment à extraire était plus grand que l'ouverture que j'avais pratiquée. Ce que voyant, je me munis de fortes tenailles incisives, avec lesquelles, chaque jour, je saisissais la lame, et j'en retranchais une petite portion. L'ayant enfin amenée à une dimension convenable, je pus l'extraire avec des pinces, en même temps que les membranes dure-mère et pie-mère, et une petite quantité de cerveau, qui y étaient attachées ; ce fragment osseux une fois retiré, je versai sur la plaie, pendant quelques jours, du vin blanc dans lequel on avait fait infuser de la bétoine, du chèvrefeuille et du stæchas. Au bout de vingt jours, une chair rouge commença à apparaître sur le cer-

veau, les os perforés et lésés s'avançant de toutes
parts autour des parties blessées; et en quarante
jours environ, le malade fut complétement guéri ; il
jouit encore maintenant d'une bonne santé.

OBSERVATION IV. — *Plaie de la partie médiane de la
tête qui pénétrait jusqu'au corps calleux, avec hémorrhagie abondante, qui amena même une lipothymie ;
rison* (1).

J'ai guéri un valet de la noble famille Zabarella (2),
qui avait été blessé au milieu de la tête, là où le
cerveau est séparé en deux hémisphères par la faux
de la dure-mère. La plaie allait jusqu'au corps cal-

---

(1) Observation volée par J.-B. Lamzweerde (*op. cit.,* obs. 12,
p. 239), avec ce changement, que le valet de Zabarella est devenu le domestique de Thomas Ophemius, professeur à l'Académie de Louvain.

J. Rhodius a aussi rapporté cette même observation fort
en abrégé (*Obs. med.-path.,* 1657, cent. 1, obs. 31, p. 21); aussi
les auteurs du *Compendium de chirurgie* lui en ont-ils attribué
l'honneur exclusivement (t. II, p. 599). M. Chassaignac, dans sa
thèse de concours (*Lésions traumatiques du crâne ;* Paris, 1842,
in-4°), après avoir rapporté, p. 75, l'observation de P. de Marchettis, en faveur de ceux qui croient à l'innocuité des lésions
des sinus de la dure-mère, dit, p. 78 : «La science possède-t-elle
d'autres faits qui diminuent la signification de ceux qui pré-
cèdent? Marchettis (Bonet, *Sepulchr.,* t. III) parle bien d'hémorrhagies graves par le sinus longitudinal.» Voilà donc la même
observation qui, comme l'homme de la fable, souffle le chaud
et le froid.

(2) Plusieurs membres de cette famille ont été célèbres, et
surtout Francesco Zabarella, dit le cardinal de Florence.

leux, certains vaisseaux et le sinus de la faux avaient été divisés, de sorte que le malade perdit 2 livres et plus de sang, et tomba en lipothymie, si bien que les assistants le croyaient mort. Le malade, lorsque j'arrivai auprès de lui, comme s'il fût sorti d'un profond sommeil, perdit une nouvelle quantité de sang; aussitôt je remplis la plaie qui tenait toute la longueur de la tête, et pénétrait, comme je l'ai dit, jusqu'au corps calleux, avec du coton brûlé imbibé de blanc d'œuf, de bol d'Arménie, de sang-dragon; je mis par-dessus de la charpie sèche et des bourdon-nets imbibés aussi de blanc d'œuf et des mêmes poudres, ce qui arrêta l'hémorrhagie. Le troisième jour seulement j'enlevai les bourdonnets, la charpie sèche, et une certaine quantité de coton brûlé; je laissai le reste en place, avec la poudre qui adhérait aux vaisseaux; tout cela fut éliminé peu à peu au bout de quatorze jours, et il n'y eut pas de nouvelle hémorrhagie. Pendant ce temps, j'appliquai sur les lèvres de la plaie, comme je l'ai dit plus haut, des di-gestifs; sur le cerveau, les poudres dont j'ai déjà parlé, avec de la charpie sèche. A l'aide de tous ces moyens, le cerveau commença, vers le vingtième jour, à rougir et à se recouvrir de chair. J'adminis-trai dès lors jusqu'à parfaite guérison les médica-ments dont j'ai parlé, et le malade s'en tira avec l'aide de Dieu.

OBSERVATION V. — *Grande plaie de tête, avec para-lysie de la langue et du bras du côté opposé, qui a été guérie après extraction d'un fragment osseux avec une portion de la pie-mère et du cerveau.*

Je me souviens qu'Anton. Vendramen, docteur en philosophie de ce collége, fut un certain jour criblé de plaies, parmi lesquelles il y en avait une, celle de la tête, digne d'être remarquée. Elle occupait toute la partie droite du crâne, avec pénétration des membranes, si bien qu'une esquille de la lame vitrée, là où la plaie finissait, piquait les membranes et le cerveau ; aussi, aux symptômes communs aux blessures de cette espèce, s'ajoutait ceci de particulier, une paralysie de la langue et du bras du côté opposé ; si bien que le malade ne pouvait ni parler ni mouvoir le bras. Outre les médicaments qui, au début, doivent être employés dans tous les cas semblables, j'appliquai le trépan le second jour, au milieu de la plaie, mais sans que le malade ressentît aucun soulagement. Loin de là, les mêmes symptômes persistèrent, de sorte que je tentai une nouvelle application de trépan, mais en vain. Alors j'appliquai pendant quelques jours, sur les membranes enflammées, de l'huile rosat, puis, au bout de sept jours, de l'huile d'hypericum ; enfin, parce que le malade était chauve, et que par conséquent les membranes étaient à une certaine distance de la boîte osseuse, comme je l'ai toujours observé en pareil cas, je fis des injections pour absterger et corroborer les parties, d'abord avec du vin blanc miellé, ensuite avec du vin dans lequel on avait fait infuser les médicaments dont j'ai parlé plus haut, soignant du reste les lèvres et autres parties de la plaie comme je l'ai dit. Tout cela fut inutile, et pendant vingt jours, le bras et la langue demeurèrent sans mouvement. Enfin je pris le parti de faire deux autres applications de trépan, sûr que j'étais que les membranes étaient lésées et le cerveau piqué par quelque fragment osseux ; ce qui se trouva véritable, car, pendant l'opération même, le trépan rencontra une esquille, que je retirai avec des pinces ; à cette esquille, était jointe une portion de la pie-mère et du cerveau. Moins d'une demi-heure après, le malade recouvrait le mouvement de la langue et du bras. A l'aide d'injections répétées et des médicaments dont j'ai parlé, j'amenai le malade à parfaite guérison, et il vécut longtemps encore sain et sauf.

OBSERVATION VI. — *Fongus survenu à la suite d'une plaie de tête, et guéri par les poudres de spica et schénanthe* (1).

Je vis en consultation un malade qui avait été blessé au sinciput ; la blessure allait jusqu'à la dure-mère. Étant revenu le voir au bout de quelques jours, je trouvai un fongus de la grosseur d'une noisette. Je

(1) «Spica celtica, sive nardus celtica; gallice *du nard celtic,* «aspic. Schœnanthe, schœnanthum, ou scœnanthum, Juneus «est arabicus; gallice, *pasture de chameau.*» (Steph. Blancardi, *Lexicon medicum;* Lugd. Bat., 1717, in-8°.) Ce sont deux plantes du genre *andropogon,* de la famille des graminées.

conseillai l'inspersion de poudres de spica et schénanthe ; le jour suivant, le fongus était détruit, et la plaie fut bientôt guérie à l'aide des moyens appropriés. Je me suis souvent servi avec succès de ce moyen, que je vous recommande comme un secret.

OBSERVATION VII. — *Épilepsie apparaissant deux ou trois mois après une blessure du crâne, fermée mal à propos ; trépanation, guérison.*

Il me souvient avoir été appelé en consultation avec l'illustre D.-J. Sala, professeur à Padoue, pour un homme qui avait reçu un coup de poignard à la tête ; il y avait lésion non-seulement du crâne et des membranes, mais du cerveau lui-même. La plaie extérieure avait été guérie par certains médecins, elle s'était même recouverte d'une cicatrice. Deux ou trois mois après, le malade fut pris d'accès d'épilepsie, qui revenaient deux ou trois fois par mois. L'excellentissime Sala lui ayant demandé s'il avait été quelquefois blessé à la tête, et le malade ayant répondu affirmativement, j'introduisis de suite un stylet, et je trouvai sous la croûte cicatricielle la plaie pénétrante dont j'ai parlé. Immédiatement je fis l'incision et j'agrandis la plaie ; le jour suivant, j'appliquai le trépan, ce qui donna issue à une certaine quantité de matières ichoreuses jaunâtres. Pour cette raison, j'appliquai, pendant vingt jours, sur le cerveau et la membrane, du baume noir occidental ; les bourgeons rougeâtres se montrèrent, et au bout de trente jours, le malade fut délivré de la plaie et des attaques d'épilepsie (1).

OBSERVATION VIII. — *Plaie avec enfoncement considérable du front, qui, bien que celui-ci n'ait pas été relevé, mais qu'on ait seulement agrandi la fente, a été guérie au bout de trente jours.*

J'ai donné des soins à un jeune garçon de 7 ans, qui, ayant reçu au front un coup de pied de cheval, eut en ce point un tel enfoncement de l'os, que je ne pus le relever ni avec le triploïde ni avec l'élévatoire. Comme il y avait en cette même partie de l'os une fente de laquelle sortait un peu de sérosité, je l'agrandis avec une rugine, pour permettre aux médicaments de pénétrer jusqu'à la membrane, comme il convient. Quatorze jours après, de la chair s'étant formée çà et là, le malade se trouva mieux, et enfin la plaie ayant été comblée sous l'influence des onguents sarcotiques, le malade fut complétement guéri au bout de trente jours, et jouit encore maintenant d'une bonne santé.

OBSERVATION IX. — *Plaie de la partie postérieure de la tête, avec enfoncement de l'os et contusion, guérie parfaitement sans trépan, chez une jeune fille.*

(1) J'ai déjà parlé de cette observation. Voir sur ce sujet, entre autres auteurs, le *Traité de chirurgie* de G.-M. de La Motte; Paris, 1771, in-8°, 2 vol.; le *Traité de l'épilepsie,* par Tissot; Paris, 1770, in-12; et la *Méd. opér.* de M. Velpeau, t. III, p. 1.

J'ai eu occasion de voir une jeune fille de la maison Ridi, qui, étant tombée dans un escalier, et la partie postérieure de la tête ayant porté, dans la chute, sur un des degrés en pierre, fut atteinte d'un enfoncement considérable de l'os, avec contusion seulement. Ses parents n'ayant pas voulu consentir à l'incision et aux opérations indispensables en pareil cas, et se contentant d'appliquer les médicaments propres à combattre l'inflammation et la contusion, la jeune fille n'en fut pas moins guérie par la nature et contre la prévision des médecins ; il lui demeura un enfoncement considérable de l'os, mais sans qu'elle en fût aucunement gênée. Depuis lors, elle s'est mariée, a eu des enfants, et se porte parfaitement. Il ne faut donc pas s'effrayer de pareils accidents chez les enfants, à cause de la mollesse qu'a chez eux le crâne.

OBSERVATION X. — *Plaie du grand angle de l'œil fermée prématurément ; autre plaie à la nuque, avec fièvre, laquelle a cessé quand celle-ci a été ouverte et guérie.*

J'ai connu un certain Rigaia, qui reçut un coup de poignard dans le grand angle de l'œil. Appelé à l'instant auprès de lui, je trouvai qu'un barbier avait amené au contact les lèvres de la plaie à l'aide d'une suture. Il n'y avait d'autre symptôme fâcheux qu'une fièvre assez intense ; mais, comme je demandais au blessé s'il ne ressentait pas de douleur dans les parties internes, il me répondit qu'il en avait une grande sur le derrière de la tête, au droit de la nuque, et, y ayant regardé, je trouvai une petite plaie au bas de l'occiput. Aussi, ayant coupé les points de suture qui réunissaient les lèvres de la plaie, je portai la sonde jusqu'au fond de celle-ci et à l'occiput, et, dans l'une et l'autre plaie, j'introduisis des petites tentes de même grandeur, dont la longueur ne dépassait pas deux travers de doigt; je mis sur elles des médicaments digestifs, et par-dessus, du cérat saturnin. Une suppuration bonne et louable s'étant établie, je me servis d'onguent ex betonica pendant quelques jours, au bout desquels il commença à se former de la chair. C'est pourquoi je raccourcis les tentes; puis, la fièvre ayant cessé le quatorzième jour, je les retirai tout à fait et j'appliquai de la charpie enduite d'onguent de tuthie, et par-dessus, de cérat diachalcitéos. A l'aide de ces moyens, le malade fut guéri au bout de vingt jours : je ne parle pas des moyens généraux auxquels j'eus recours dès le début, suivant la méthode que j'ai déjà indiquée.

OBSERVATION XI. — *Plaie du muscle temporal, avec fracture du crâne et déchirure de la dure-mère, accompagnée de fièvre pendant vingt jours, guérie sans application du trépan* (1).

Un boucher fut atteint d'une blessure sur la partie

---

(1) Observation volée par J.-B. Lamzweerde (*op. cit.*, obs. 10, p. 237).

latérale de la tête, qui comprenait le muscle temporal,
le crâne, et la dure-mère. Tous les symptômes qu'on
a l'habitude de rencontrer dans les plaies de cette
espèce purent être observés, et, de plus, une hémorrhagie abondante qui amena la syncope. Ayant été
appelé auprès du malade, je le trouvai dans un état
de mort apparente ; bien que le sang dût refluer vers
les parties internes, comme il arrive d'habitude
quand il y a lipothymie, je mis en usage tous les médicaments qui peuvent arrêter les hémorrhagies, à
savoir : du coton brûlé, des poudres astringentes,
des blancs d'œufs ; ce qui réussit. Je ne découvris la
plaie que vers le troisième jour, et je séparai le mieux
que je pus le muscle du crâne avec mes ongles.
Comme il n'y avait pas lieu d'appliquer le trépan, et
que l'instrument vulnérant avait laissé une ouverture
assez grande pour permettre à la matière de s'écouler, je me contentai de régulariser cette ouverture
et de l'agrandir avec une rugine, de sorte qu'il ne
fut pas nécessaire d'en venir au trépan, la matière
purulente étant chassée avec force quand on bouchait
le nez du patient. J'instillai au début et jusqu'au septième jour de l'huile rosat ; ensuite j'injectai du vin
blanc miellé, le tout pour absterger la plaie et raffermir les parties internes. Ensuite je mis en usage
une autre injection de vin blanc dans lequel on avait
fait infuser les médicaments dont j'ai parlé plus haut.
Cependant, au bout de quarante jours, le malade
n'allait pas mieux, parce qu'il y avait un flux continuel de matière sanieuse ; ce que voyant, je plaçai

à demeure une canule de plomb, qui assurait l'écoulement régulier de cette matière. Le malade conserva cette canule environ deux mois ; mais, comme il se livrait à de continuels écarts de régime, et qu'il y avait une sécrétion abondante de pus, je ne pouvais amener la plaie à cicatrisation ; bien plus, il fut pris de fièvre, que je traitai pendant vingt jours, sans négliger pour cela la blessure, sur laquelle j'appliquai du baume noir occidental, prescrivant en même temps la diète, à cause de la fièvre. Enfin, à l'aide de tous ces moyens et des médicaments dont j'ai parlé ailleurs, j'arrivai à le guérir complétement ; cependant il lui demeura une infirmité dont parle Hippocrate dans son livre *des Plaies de tête,* et que j'ai moi-même souvent rencontrée dans ma pratique : il ne pouvait ouvrir complétement la bouche, parce que, quand une partie du muscle temporal a été coupée, l'autre se contracte et devient incapable d'agir pour ouvrir la bouche.

OBSERVATION XII. — *Contusion grave du sinciput, avec chute et privation subite des facultés principales, laquelle est devenue mortelle pour avoir négligé d'appliquer le trépan* (1).

Le jour de la fête de saint Antoine, une fenêtre

(1) Observation volée par J.-B. Lamzweerde (*op. cit.,* obs. 2, p. 238). Comparez, comme l'a fait Quesnay, dans son mémoire sur le trépan dans des cas douteux (*Mém. de l'Acad. de chir.,* éd. de l'*Encycl. des sc. méd.,* t. I, p. 196), l'opinion que P. de Mar-

de bois assez lourde tomba de haut sur .e sinciput
d'un jeune homme en contondant fortement la peau,
mais sans l'entamer. Le malade tomba du coup par
terre, privé de sentiment, de mouvement et de toutes
les facultés principales, et resta une heure dans cet
état. Un médecin de renom et un chirurgien, appelés
près de lui au moment de l'accident. appliquèrent les
médicaments accoutumés : du blanc d'œuf, de l'huile
rosat, et autres choses semblables. On me fit appeler le second jour ; je pensai qu'il fallait en venir de
suite à l'incision de la peau, et à l'ouverture du crâne,
contre l'avis de chirurgiens plus âgés que moi, et du
père du malade lui-même, Variscus, qui se bornèrent
à prescrire des cataplasmes, des onctions, et autres
médicaments externes. Ayant été appelé de nouveau
quinze ou seize jours après, je constatai l'existence
d'une tumeur assez volumineuse au point blessé , et
je sentis sous mes doigts la fluctuation du pus ; cependant les autres chirurgiens ne voulurent pas m'au-
toriser à faire l'ouverture de l'os. Enfin, ayant été
appelé encore après le vingtième jour, et du consen-
tement de tous, je fis une incision en croix, qui
donna issue à une quantité considérable de pus ; ce
que voyant, ces hommes éminents rejetèrent l'opération du trépan, si ce n'est après le quarantième
jour, s'appuyant sur ceci : que la nature faisait pas-

chettis exprime ici avec celle que vous trouverez quelques pages
plus loin, dans la première des remarques placées à la suite de
l'observation 15.

ser au dehors, par les porosités des os du crâne, la matière qui était accumulée sur les membranes et le cerveau. Je n'avais rien vu jusque-là de semblable; en effet, à peu près une once de matière s'écoulait chaque jour par les pores des os du crâne; aussi, lorsque j'eus enfin trépané le malade, une quantité énorme de pus sortait tous les jours par l'ouverture. Le malade mourut le soixantième jour.

J'ai vu un autre cas semblable. Il s'agissait d'un certain citoyen de Padoue, nommé Merius, qui avait à la tête une violente contusion causée par une balle de fer. Il y avait aussi chez ce malade flux de sanie par les petits trous et les pores du crâne. Je ne le vis que le troisième jour; d'autres médecins avaient été appelés auparavant, qui ayant négligé de pratiquer le trépan au début, furent cause de sa mort. Je vous avertis de ne pas tomber en de semblables erreurs, si vous avez entre les mains des blessés de cette sorte, et s'il y a des symptômes qui vous assurent que les parties internes sont lésées.

OBSERVATION XIII. — *Plaie de tête avec fracture de l'os du sinciput et du front; agrandissement de l'ouverture avec la rugine, après le septième jour. Guérison.*

Un homme fut apporté à l'hôpital de Saint-François, le septième jour de sa blessure qui intéressait la partie antérieure du sinciput, et s'étendait jusqu'à l'origine de l'os du front, avec déchirure des membranes. Le passage qu'avait laissé le corps vulnérant n'étant pas fort large, un médecin l'avait agrandi quelque peu avec la rugine, ce qui avait permis l'écoulement d'une quantité peu considérable de sérosité. Comme le malade était en proie à une fièvre continuelle, ne présentant du reste aucun autre symptôme fâcheux, et n'ayant eu au début qu'une hémorrhagie nasale qui lui avait fait perdre une demi-livre de sang ; comme aussi la matière n'avait pas son issue libre, j'en arrivai à la perforation de l'os, ce qui donna passage à quelque peu de matière séreuse. Mais le malade tomba, le onzième jour, dans un sommeil profond, voisin de la léthargie ; le pouls cependant restait fort ; je prescrivis un régime de vie léger, et un peu de petit vin de temps en temps. Le quatorzième jour, il se réveilla en sursaut ; en même temps, une grande quantité de pus lui sortit avec violence par le nez, et il se mit à parler, mais en délirant. Je pris le soin de lui oindre aussitôt l'intérieur et l'extérieur du nez avec de l'huile d'amandes douces, et de lui faire aspirer par les narines de l'eau d'orge avec de la manne ; le tout afin qu'elles pussent se dilater plus aisément. La plaie ayant été guérie par les médicaments dont j'ai déjà parlé, le vingtième jour le malade fut délivré de sa fièvre, et il n'y eut plus dans la suite d'écoulement de matières par les narines. Remarquons ici la marche qu'a suivie la nature : au début une hémorrhagie nasale prépare la voie, et plus tard, le pus contenu dans la cavité crânienne est chassé par ce chemin que la nature a ménagé ; et le malade est rendu en quarante jours à la santé. Il ne faut donc pas abandonner les malades, et les laisser sans remèdes et sans nourriture, lors même qu'on ne les verrait remuer non plus que s'ils étaient morts et en proie aux accidents susdits ; car l'art a aussi ses merveilles, comme l'a dit Averroës.

OBSERVATION XIV. — *Plaie de tête sans fracture ni fissure du crâne, donnant la mort le quatorzième jour, à cause d'une grande quantité de pus amassée entre les deux membranes, à la suite d'une contusion du cerveau* (1).

J'ai vu un autre malade pendant l'été, dans ce même hôpital, qui avait été blessé légèrement au milieu du sinciput ; la plaie intéres sait seulement la peau et le péricrâne, sans que le crâne eût été offensé. Il ne survint aucun symptôme fâcheux à ce malade, ni au début ni le quatrième jour ; mais le septième il fut pris d'un grand frisson avec tremblement de tout le corps ; au frisson succéda la chaleur, comme il arrive d'habitude dans les fièvres tierces. Je le trépanai lorsque la fièvre eut cessé ; rien ne

(1) P.-S. Rouhault (*Traité des playes de tête*, in-4°; Turin, 1720) cite, p. 77, les obs. 14 et 15 de *Marchette (sic)*, et fait suivre la première de quelques réflexions, parmi lesquelles celle-ci : que la noirceur de la dure-mère n'était vraisemblablement produite que par le sang épanché entre les membranes; que si, au lieu d'appliquer des remèdes pour résister à cette prétendue altération, Marchette avait ouvert la dure-mère, le sang épanché se serait écoulé, et la noirceur aurait disparu; et s'il n'avait pas guéri son malade, au moins il aurait fait tout ce que l'on doit faire en pareil cas.

sortit par l'ouverture du trépan; mais, comme la membrane ruisselait d'humeur, je versai dessus du sang de pigeon, tiré à l'instant de l'aile (1), afin de rétablir la chaleur de la partie. Le lendemain elle devint noire; alors j'y appliquai de l'eau-de-vie jusqu'au onzième jour, et du baume noir occidental jusqu'au quatorzième jour, où le malade mourut. Je fis l'ouverture du crâne, et l'ayant bien nettoyé de tous côtés et lavé, je l'examinai soigneusement partout au soleil, sans y pouvoir découvrir ni fente ni aucune autre lésion; mais ayant incisé la dure-mère, je trouvai sous la plaie, entre cette dernière membrane et la pie-mère, une grande quantité de pus; non sans être étonné qu'il n'y eût rien à l'os, et que le patient n'eût souffert en rien jusqu'au septième jour, tout comme s'il n'eût pas été blessé. Il est donc permis de supposer que les accidents furent produits par la contusion des membranes et du cerveau, et que cette contusion amena la rupture de quelque vaisseau; d'où un écoulement sanguin. Et comme, de l'avis de tous,

---

(1) Dans le siècle précédent, Montaigne avait déjà jugé comme il convient de le faire cette thérapeutique bizarre :

« Le choix mesme de la plupart de leurs drogues est aucunement mystérieux et divin; le pied gauche d'une tortue, l'urine d'un lézart, la fiente d'un éléphant, le foie d'une taupe, du sang tiré sous l'aile droite d'un pigeon blanc; et pour nous autres coliqueux (tant ils abusent dédaigneusement de notre misère), des crottes de rat pulvérisées, et telles autres singeries qui ont plus le visage d'un enchantement que d'une science solide » (*Essais*, liv. II, ch. 37).

le sang extravasé se coagule et se putréfie, on doit trouver là l'origine de la collection purulente amassée sur le cerveau, qui amena la mort du malade.

Quelqu'un peut-il mettre en doute qu'il n'y ait lieu, en pareil cas, d'inciser la dure-mère, afin d'ouvrir une issue à la sanie amassée sur la pie-mère et le cerveau ? Dira-t-on qu'en piquant la dure-mère, on s'expose à voir survenir des convulsions qui peuvent amener la mort ? Je pense qu'on n'aura rien à craindre, si on fait deux applications de trépan et si on a une ouverture assez grande pour pouvoir faire une longue incision sur la dure-mère. Je m'appuie sur ce fait, que les plaies de tête étendues dans lesquelles non-seulement les membranes, mais le cerveau lui-même est intéressé, guérissent parfaitement. Lors donc qu'il est bien établi qu'il y a collection de matière entre les deux méninges, on peut en toute sûreté pratiquer cette opération, bien qu'elle ne soit pas sans danger ; car la mort est certaine si on ne fait rien, et, suivant le précepte de Celse : mieux vaut essayer un remède douteux que de n'en point faire ; d'autant qu'il y a impiété à laisser un malade sans secours.

OBSERVATION XV. — *Plaie sur le devant du front, allant jusqu'au diploé, ayant amené la mort, sans que le cerveau ni les membranes aient été offensées; accompagnée de tous les symptômes des plaies de tête, avec écartement de la suture lambdoïde et épanchement de sanie entre les sutures et sur les membranes*

du cerveau. On y a joint quelques remarques fort im-
portantes pour la cure des plaies de tête avec frac-
ture (1).

J'ai eu occasion de voir, dans le même hôpital, un troisième malade qui avait été blessé assez gravement par un poignard à la partie antérieure du front. La blessure allait jusqu'au diploé. Tous les symptômes qu'on rencontre habituellement dans les plaies de tête s'y trouvaient, à savoir : la perte d'intelligence, les vomissements, les tintements d'oreille, et les autres signes qu'Hippocrate a énumérés. Bien qu'il ne se plaignît d'aucune douleur en quelque partie que ce fût, je ne laissai pas de le trépaner le deuxième jour, car les symptômes l'exigeaient. Je trouvai la membrane quelque peu enflammée ; aussi mis-je en usage les remèdes que j'ai proposés plus haut pour combattre l'inflammation ; mais, bien que je déprimasse la membrane, et que le patient s'efforçât de la repousser en haut en se bouchant le nez, rien n'étant sorti par l'ouverture, il succomba le quatorzième jour. Ayant fait l'ouverture du crâne au niveau de la blessure, je trouvai que ni la membrane ni le cerveau n'avaient souffert, la lame vitrée elle-même était intacte ; et cependant il y avait eu écartement de la

---

(1) Obs. volée par J.-B. Lamzweerde (*op. cit.*, obs. 8, p. 231), qui, pris de remords à moitié chemin, a rapporté les remarques sur les plaies de tête à leur véritable auteur, P. de Marchettis, après avoir pris pour son compte l'observation qui les précède.

suture lambdoïde, égal à l'épaisseur de l'auriculaire, et je trouvai un peu de sanie entre les sutures et sur la dure-mère. Je ne me rappelle pas avoir jamais rencontré de cas semblable ; j'ai vu des contre-fissures dans beaucoup de points du crâne, jamais dans les sutures ; il y en a cependant quelques exemples dans les auteurs.

Venons aux remarques que je veux faire touchant les plaies de tête.

1° S'il arrive que quelqu'un, après avoir reçu un coup, éprouve des troubles de l'intelligence, soit privé de sentiment et de mouvement, il n'y a pas à craindre pour sa vie, à moins que les autres symptômes énumérés par Hippocrate ne surviennent : il faut donc négliger toute opération, comme l'incision et la perforation du crâne. J'en ai vu, en effet, qui n'avaient pas éprouvé d'autres accidents à la suite d'un coup et d'une chute, et qui le lendemain étaient complétement rétablis.

2° Les éminences rondes que l'on voit tout autour de la lame vitrée, lorsqu'on a enlevé l'os à l'aide du trépan, indiquent manifestement que le tranchant du trépan n'a pas atteint la membrane elle-même, et que ce n'est pas la perforation qui a amené la mort du malade ; et *vice versa,* quand elles ne paraissent pas, c'est un signe que la membrane est offensée, par conséquent le cas est mortel.

3° Il ne faut pas se borner à ruginer jusqu'au fond la fissure ou l'ouverture qu'a faite l'instrument vulnérant ; si l'une ou l'autre a pénétré jusqu'au diploé, il faut de toute nécessité en arriver au trépan, lors même qu'il n'y aurait pas d'autre accident ; et cela, parce que la matière purulente qui des lèvres de la plaie tombe sur le diploé, pénètre par ses vaisseaux jusqu'à la membrane, et, s'amassant entre celle-ci et le crâne, amène la mort du malade : c'est ce que j'ai observé sur un certain nombre de malades qui, ayant été trépanés pour cette raison, se sont parfaitement rétablis.

4° Outre les signes indiqués par Hippocrate, il faut noter que le flux de ventre, dans le cas de plaie de tête, lors même qu'il n'y a pas d'autres symptômes, est un signe certain de lésion du cerveau ; ce qui s'explique par le consensus de cet organe avec les nerfs de la sixième paire, qui s'attachent aux orifices de l'estomac. L'orifice inférieur se dilatant, le flux de ventre survient aussitôt ; et ceux-là meurent presque tous, parce que le cerveau est lésé à sa partie interne, en cet endroit où il s'allonge pour former la moelle épinière, et où se trouve l'origine des nerfs. En pareil cas, il faut administrer de suite tous les remèdes qui sont du domaine de l'art et qu'Hippocrate a proposés.

5° J'ai remarqué souvent que, dans les cas où dans ces plaies le cou devient douloureux, surtout postérieurement et latéralement, la matière purulente tombe dans les cavités thoracique et abdominale, et, au bout d'un temps plus ou moins long, corrode soit les poumons, soit la plèvre ; ce qui donne naissance à une grande quantité de sanie, qui s'écoule dans l'abdomen, attaquant le foie et la rate, y faisant naître des pustules, qui elles-mêmes , une fois rompues, fournissent à leur tour une certaine quantité de matière analogue à celle qui était venue du poumon et de la plèvre. Et cependant ceux qui ignorent ceci pensent que les abcès qui amènent la mort des malades se sont développés primitivement dans ces parties, et ne soupçonnent pas que tout cela doive être attribué à la plaie de tête, ne supposant pas qu'une aussi grande quantité de pus puisse s'écouler de la tête vers les parties inférieures ; car j'ai trouvé, dans un certain nombre de cas, et j'en ai rendu témoins un grand nombre de personnes, soit à l'amphithéâtre d'anatomie, soit à l'hôpital de Saint-François ; j'ai trouvé, dis-je, souvent la cavité thoracique et la cavité abdominale pleines de pus (1).

6° Il est digne de remarque que jamais le muscle temporal ne doit être incisé, en dépit de l'opinion d'un grand nombre de chirurgiens, qui le prescrivent imperturbablement , dans les cas où il y a plaie ou contusion avec fracture de l'os. Il n'est pas difficile de prouver pourquoi. D'abord la plupart de ceux qui ont été ainsi blessés succombent, comme Hippocrate l'a remarqué : je puis ici invoquer ma propre expérience ; car j'ai vu, dans un certain nombre de cas où le muscle temporal avait été mal à propos incisé

---

(1) P. de Marchettis a eu l'honneur de fournir des arguments à Morgagni pour détruire la relation prétendue exclusive entre les plaies de tête et les abcès du foie (voir la 51e lettre de Morgagni).

par des barbiers, les malades mourir, le quatrième jour, de convulsions. Ensuite, par cela même qu'il y a fracture de l'os sous le muscle temporal, le malade est voué à une mort certaine, et par conséquent l'incision que je réprouve est superflue ; car j'ai vu souvent, et j'ai démontré publiquement, qu'une simple fente de l'os au-dessous du muscle temporal amène la mort subite. C'est dans des cas semblables qu'on a pu croire à tort avoir affaire à des apoplexies, parce qu'on ne voyait que la contusion, qui cependant, étant grave, s'accompagnait de fracture des os situés au-dessous, de déchirure du muscle, et de lésion du cerveau lui-même, ce qui conduisait le blessé à une mort certaine. Si les symptômes nous font connaître que ces parties sont intéressées, il faut faire une incision en dehors du muscle et dans sa partie déclive, faire en cet endroit une application de trépan, et avec une sonde large déprimer la membrane, pour donner issue au pus; s'il y a quelque enfoncement, il faut se servir de l'élévatoire et, dans les cas d'urgence, couper tout le muscle en travers, bien que ce soit une opération très-périlleuse. Je propose d'en venir là, parce que j'ai vu quelques-uns de ces blessés se rétablir, bien qu'avec convulsion du côté opposé et impossibilité d'ouvrir complétement la bouche. Je ne conseille ni ne condamne cette opération; je n'ai jamais eu occasion de la faire, parce que, comme je l'ai dit, la plupart des malades meurent avant l'arrivée du médecin. Cependant, si le cas se présentait, peut-être y aurais-je recours.

Si la plaie intéresse le même muscle dans le sens de ses fibres, il vaut mieux l'agrandir, le plus adroitement possible, avec les doigts et les ongles, avant d'en venir à la rugination ou à la trépanation, et maintenir cet écartement à l'aide de bourdonnets de charpie sèche; parce que, lors même que le muscle serait incisé selon le sens de ses fibres, on n'en aurait pas moins à redouter certains symptômes graves, qui pourraient mettre la vie en péril. Il vaut donc mieux dilater la plaie, comme je viens de le dire.

Il y a encore lieu de remarquer, à propos des plaies de tête, qu'elles sont dangereuses non-seulement jusqu'au quarantième jour, comme on le croit communément, mais encore plus longtemps; et j'ai vu souvent des malades vivre plus de trois mois après le coup reçu, qui n'étaient pas encore à l'abri de tout accident.

Par exemple, j'ai vu un blessé qui avait reçu au mois de juin un coup de pied de cheval, et avait une violente contusion de la tête qui cependant n'était accompagnée d'aucun des symptômes qui surviennent ordinairement en pareil cas. On avait fait, au lieu contus, une incision qui avait donné issue au sang épanché, et toutes les parties contuses avaient été modifiées à l'aide des médicaments appropriés; la plaie, au bout d'un mois, était devenue plus étroite, et cependant n'avait pu être cicatrisée, une certaine quantité de pus s'écoulant constamment, bien qu'on ne pût constater aucune lésion osseuse, et qu'il n'apparût aucun symptôme anormal; cependant, au mois

d'octobre, survint une fièvre avec frissons et vomissements, et quatre jours après le malade succomba.
A l'ouverture du crâne, on trouva une grande quantité de pus sur les membranes et dans la substance
du cerveau.

J'ai vu un autre cas dans lequel il s'agissait d'une
plaie légère du milieu de la tête, sans que l'os fût mis
à nu, ni qu'il y eût aucun symptôme fâcheux. Le blessé
fut guéri par les chirurgiens ; mais, au bout de trois
mois, pendant lesquels il était demeuré bien portant,
il fut pris d'une fièvre maligne, sans aucun des symptômes propres aux plaies de tête; après le septième
jour, il lui vint une douleur de tête, dans le point
où trois mois auparavant avait siégé la plaie, qui cependant était parfaitement cicatrisée : aussi n'y put-
on rien voir. Le malade mourut le quatorzième jour.
A l'ouverture du crâne, je trouvai du pus sur les
membranes et le cerveau. Il ne faut donc pas ajouter foi à l'opinion généralement reçue que les plaies
de tête ne peuvent amener la mort après le quarantième jour.

Quant à ce qui regarde l'application du trépan,
je trouve une contradiction dans le traité d'Hippocrate, *des Plaies de tête.* Il dit en effet, au chapitre
22, que la rugination ayant été faite, il faut, s'il en
est besoin, pratiquer le trépan avant le troisième jour,
surtout si l'on est en été ; et cependant, au chapitre 29,
il dit expressément que si le chirurgien est appelé dès
le début, il ne doit pas essayer de percer l'os jusqu'aux
membranes. Il y a donc là une contradiction mani-

feste, parce que s'il y a indication de trépaner, ce
qui est établi par les symptômes qui s'établissent immédiatement, il faut mettre la membrane à découvert
avant le troisième jour, afin que les vapeurs chaudes
développées par l'inflammation imminente puissent
être exhalées, et afin de prévenir la suppuration qui
survient nécessairement, corrompt les membranes et
le cerveau, et met la vie en péril, si on néglige d'avoir
recours à ce moyen. Il faut ajouter à cela que si on
ne découvre pas la membrane, à savoir : quand on
ne tire pas entièrement l'os, quoiqu'il ne soit pas
beaucoup ébranlé, comme dit Hippocrate, et en présence de signes de la lésion des parties internes, ce
sera en vain que l'on pratiquera la trépanation, n'allant que jusqu'à la lame vitrée, en attendant que l'os
se sépare de lui-même, parce que le pus est retenu,
ce qui est cause que les symptômes dont j'ai déjà parlé
surviennent infailliblement. La trépanation n'a d'ailleurs d'autre utilité que de permettre l'écoulement,
par l'ouverture artificielle qu'on pratique, de la matière purulente renfermée à l'intérieur ; j'ai observé
en effet que dans les cas où le pus est retenu soit par
de la charpie mal appliquée ou du coton, ou par un
fragment osseux, les membranes et le cerveau sont le
plus souvent altérés, comme je l'ai dit. Ce n'est pas
pour autre chose que pour livrer passage au pus
qu'Hippocrate recommande le trépan ; si aucun symptôme n'indique qu'il en soit ainsi, il n'y a pas lieu
d'en venir là, d'autant qu'il y a toujours grand danger à mettre la membrane à nu, puisque, comme le

dit Hippocrate, elle est fort sensible aux injures extérieures. Au contraire, si les symptômes l'indiquent,
il faut aussitôt perforer l'os ; car si on le laisse en
place, on ne peut pas espérer qu'il puisse être éliminé en moins de trente ou quarante jours, et pendant ce temps, le pus retenu à l'intérieur tue le malade. Tout cela m'autorise à penser que ce ne sont pas
les paroles du divin Hippocrate, et qu'il y a eu quelque altération des manuscrits ; c'est du reste l'opinion
de Foës, son excellent interprète (1).

(1) Voyez, pour la doctrine hippocratique sur les plaies de
tête, l'Hippocrate de M. Littré, t. III. Voici comment le savant
éditeur explique et commente (p. 168 de ce volume) le passage
incriminé par P. de Marchettis: « Qu'Hippocrate n'ait pas employé la trépanation en vue des épanchements sanguins ou pu-
rulents, c'est ce qui résulte du précepte qu'il donne en ces termes : Si le médecin a à traiter une plaie de tête immédiatement
après qu'elle a été reçue, et si cette opération exige le trépan,
il doit ne pas achever complétement la section de l'os, mais
l'interrompre quand la pièce osseuse ne tient plus que par une
mince lamelle, et en abandonner l'expulsion à la nature. Si au
contraire le médecin est appelé à une époque plus avancée,
il doit alors pratiquer complétement la section de l'os. La conséquence de ce précepte est claire, c'est qu'Hippocrate ne trépanait pas pour évacuer des humeurs épanchées; il trépanait,
comme il a été dit, pour prévenir, autant que possible, l'inflammation consécutive. Or, au moment où il pratiquait la
trépanation, cette inflammation était encore éloignée; donc,
dans sa doctrine, l'urgence d'ouvrir le crâne n'était pas pres-
sante. Il n'en était plus de même, quand l'opération du trépan se trouvait reculée par une cause indépendante de la

Voilà ce que j'avais à dire des plaies de tête. Venons maintenant à quelques observations qui n'appartiennent pas à l'histoire des plaies.

OBSERVATION XVI. — *Peau de la tête déchirée par les ongles d'un ours, avec le péricrâne, jusqu'à la suture lambdoïde; guérison avec reproduction d'un autre tégument, analogue à celui qui avait été déchiré, et pourvu de cheveux. On réfute l'opinion de Cortesi tou-*

---

volonté du médecin; alors Hippocrate voulait qu'on arrivât aussitôt jusqu'à la méninge, et il ne se donnait plus aucun délai.

«Dès lors que recourant à l'opération, il n'était plus pressé par la nécessité de donner issue à des amas de liquide, il lui était loisible de ne pas achever complétement la section de l'os; et il profita de cette faculté pour atteindre un autre but, pour satisfaire à une autre indication. Parmi les objections dirigées contre l'emploi immédiat du trépan, se trouve le danger que l'on fait courir au blessé en mettant à nu la dure-mère, et cela est une raison de s'abstenir du trépan, puisque nul, à la vue d'une contusion ou d'une fracture, ne pouvant prévoir si elle donnera lieu ou non à l'inflammation consécutive et à la fièvre symptomatique, il importe de ne pas causer un mal certain en vue d'un péril incertain. Pott lui-même, tout en disant que le péril de l'inflammation consécutive est bien plus grave et plus menaçant que la mise à nu de la méninge, admet qu'on ne découvre pas cette membrane sans quelque risque. Ce risque avait été reconnu par Hippocrate; et, s'il veut que la section de l'os ne soit pas immédiatement complète, c'est pour que la dure-mère reste moins longtemps en contact avec l'air, et qu'elle soit moins exposée à devenir fongueuse et suppurante.»

chant la perforation du crâne au niveau des sutu-res (1).

Un jeune garçon de 7 ans, de l'hospice des orphe-lins de Padoue, eut toute la peau de la tête ainsi que le péricrâne enlevés et déchirés par les ongles' d'un ours jusqu'à la suture lambdoïde. Je le traitai en ap-pliquant des digestifs sur la plaie, et sur l'os dénudé, de la charpie sèche. Au bout de quinze jours, de la chair vermeille commença à bourgeonner sur les sutu-res, et recouvrit rapidement le crâne ; grâce à l'usage des épulotiques, on vit bientôt se reformer la peau, ou du moins quelque chose d'analogue ; enfin, au bout de trois mois, les cheveux eux-mêmes, ce qui est éton-nant, foisonnèrent dans presque toute l'étendue de la cicatrice ; quelques points seulement en restèrent dépourvus, à cause des callosités cicatricielles. Cor-tesi, d'ailleurs très-docte, est donc dans l'erreur lors-

---

(1) C'est à la page 214 et suivantes de son commentaire sur le traité des plaies de tête d'Hippocrate (J.-Bapt. Cortesii, *Trac-tatus de vulneribus capitis ;* Messanæ, 1632, in-4°), que Cortesi discute cette question. Il démontre qu'on ne peut constater le passage par les sutures de fibres ou de vaisseaux établissant une continuité entre le péricrâne et la dure-mère ; par consé-quent il n'y a rien à craindre lorsqu'on pratique la trépanation sur les sutures. Il rappelle que c'était l'opinion de Bérenger de Carpi, qui l'a faite plusieurs fois ; il ajoute qu'il l'a fait aussi plusieurs fois lui-même avec succès, et que le cas échéant, du moment où les symptômes lui indiqueraient que la dure-mère est séparée du crâne, il ne ferait pas de différence entre l'opé-ration pratiquée sur les sutures ou en tout autre point.

qu'il soutient opiniâtrement, dans son traité des plaies de tête, chapitre 20, que jamais le péricrâne ne tire son origine de la dure-mère; j'ai, pour ma part, souvent démontré publiquement, dans l'amphithéâtre d'anatomie, qu'il y a continuité entre ces deux membranes. Mais ce même auteur va plus loin : il professe qu'on peut pratiquer sans danger la perforation du crâne sur les sutures, contre le sentiment d'Hippocrate, qui ne craint pas d'avouer qu'il s'est trompé en pratiquant la trépanation sur une fissure ou sur l'endroit qu'avait frappé un trait au niveau d'une suture; ce qui amena la mort du malade, comme dans le cas d'Autonomus à Omilos, et d'une esclave à Omilos, morts à la suite de plaies de tête au droit des sutures (livre v des *Épidémies*). Il ne faut donc pas trépaner sur les sutures; j'ai pu voir en effet, dans le cours de ma longue pratique, plusieurs malades, qui avaient été trépanés sur les sutures par des chirurgiens ignorants, mourir le septième jour. Bien plus, si une plaie intéresse, si légèrement que ce soit, les sutures, elle est le plus souvent mortelle; bien plus, j'ai vu, chez des gens affectés de gommes vénériennes (1) au niveau des sutures, le péricrâne et le crâne étant rongés par l'humeur maligne, et l'ichor qui y était engendré tombant goutte à goutte sur la

---

(1) Pierre de Marchettis, Italien, donne toujours à la syphilis le nom de mal français; les écrivains français de cette époque la désignaient le plus souvent, en revanche, sous le nom de mal italien.

dure-mère, survenir des convulsions et la mort. Il faut donc se garder de trépaner non-seulement sur les sutures, mais à côté d'elles, ce qui est pernicieux et mortel. J'ai insisté sur ce point non-seulement à cause de Cortesi, homme de talent, du reste, mais parce que j'ai pensé que cela pouvait être utile au bien public.

OBSERVATION XVII. — *Large plaie du front, péné-trant jusqu'aux yeux, accompagnée aussitôt de perte de la vue; guérison.*

Un soldat allemand fut frappé au front d'un coup de poignard, qui lui fit une large plaie; l'os était ouvert et le cerveau intéressé presque jusqu'aux yeux. Le blessé devint tout à coup aveugle, soit que les nerfs optiques aient été coupés, ce que je n'ai pu constater avec la sonde, parce que la plaie allait trop loin; soit, ce qui est plus vraisemblable, qu'à la suite de ce violent ébranlement, les nerfs aient été remplis de matière pituiteuse, d'où vient le plus souvent la goutte sereine ou amaurose des Grecs. Ce blessé fut guéri de sa blessure en deux mois, à l'aide des moyens généraux et locaux que l'art enseigne; mais il demeura aveugle, bien que la pupille fût parfaitement nette, comme cela arrive d'habitude dans cette maladie.

OBSERVATION XVIII. — *Douleur de tête très-intense, de nature vénérienne, mais sans tumeur gommeuse chez un septuagénaire, calmée plusieurs fois par la tré panation, mais revenant à de longs intervalles, et souvent accompagnée de symptômes graves; guérie enfin complétement par le même moyen (1).*

La tête est sujette à beaucoup d'autres affections, souvent par exemple à des gommes vénériennes ou à des douleurs très-intenses, dues à la même cause. Je me rappelle avoir vu un cordonnier, âgé de 60 ans, qui était en proie à une douleur de cette espèce, sans qu'il y eût de gomme. Plusieurs médecins ayant été réunis en consultation, ils décidèrent à l'unanimité qu'il fallait établir un fonticule sur la suture coronale (2). Ce moyen réussit, au bout de quelque temps, à soulager le malade; mais, trois ou quatre ans après, cette même douleur revint, s'accompagnant de stupeur et de perte de l'intelligence; ces symptômes apparaissaient par intervalles, et la douleur siégeait à la partie antérieure du sinciput, surtout près du front.

Je fis une incision cruciale à la peau, et je trouvai l'os tout entier gâté; l'ayant donc trépané, je donnai issue à une grande quantité de pus, et quelques jours

---

(1) Obs. volée par J.-B. Lamzweerde (*op. cit.*, obs. 9, p. 235); avec cette modification, qu'il couronne cette observation par la citation d'Averroës qui termine l'obs. 13 de P. de Marchettis.

Cette observation et les deux suivantes ne sont pas dans la traduction française de l'anonyme de Genève, qui probablement ne les a pas trouvées assez *chirurgiques.*

(2) Le fonticule sur la suture coronale était, à cette époque, en grand honneur à Padoue.

après le malade fut délivré des symptômes dont j'ai parlé ; il conserva cependant l'ouverture que j'avais pratiquée pendant plusieurs mois, parce que l'os était gâté , et que par conséquent il ne pouvait s'élever des bourgeons charnus sur le diploé pour combler le vide. Un an après environ, la douleur revint aussi violente. Je dus donc pratiquer une seconde ouverture, non loin de la première ; je trouvai l'os mobile, et une grande quantité de pus s'étant de nouveau écoulée, voilà le malade encore une fois rétabli. Mais, deux ou trois mois après, il tomba dans un profond sommeil, comme léthargique. Appelé auprès de lui, j'explorai l'os avec un stylet, et, le sentant remuer, je fis l'extraction d'un fragment de la grandeur d'un écu d'argent, complétement carié, et aussi corrompu que s'il était resté dix ans en terre. Sous le crâne , je ne trouvai pas la méninge, mais un tissu un peu rude, rouge et peu résistant ; si bien que je pus craindre pour la vie du malade, d'autant qu'une grande étendue de dure-mère et de cerveau était à nu. Quoi qu'il en soit, le malade étant sorti du profond sommeil dans lequel il était plongé, le lendemain, à la suite d'un flux abondant de matière purulente, je plaçai sur la membrane qui était couverte de ce tissu morbide, pour protéger le cerveau , un morceau d'étoffe de soie rouge, sans aucun médicament, parce que je ne voyais apparaître ni pus ni aucune autre matière ; j'y mis ensuite du cérat barbare. Grâce à tout cela , le malade vécut encore plus de dix ans sans souffrir de la tête.

Observation XIX. — *Céphalée syphilitique violente, ne cédant ni aux sudorifiques mis en usage pendant quarante jours, ni à d'autres moyens énergiques, calmée et guérie complétement par le trépan.*

Un métayer de la maison Martini avait été pris d'une céphalée vénérienne violente. J'employai pendant quarante jours la décoction sudorifique, sans que cela allégeât en rien ses douleurs. L'ayant donc vu en consultation avec le très-illustre Jean-Dominique Sala (1), nous résolûmes, d'un commun accord, de le trépaner dans le point où la douleur se faisait sentir davantage. Ce qui fut fait. Trois ou quatre jours après, la douleur commença à se calmer; au bout de vingt jours, il était complétement guéri. Il vit encore et jouit d'une très-bonne santé.

Observation XX. — *Hémicrânie violente chez une femme, guérie par le trépan aussi longtemps que l'ouverture resta libre, récidivant après qu'elle fut fermée, et ne cédant alors à aucun remède.*

J'ai encore trépané une certaine juive pour une hémicrânie violente. Aussi longtemps que l'ouverture demeura libre, elle n'éprouva aucun mal; mais, celle-ci ayant été fermée quelques jours après, elle fut

---

(1) Il y avait, à cette époque, à Padoue deux célèbres professeurs du nom de Sala : celui dont il s'agit ici, Jean-Dominique Sala, qui a laissé quelques ouvrages oubliés aujourd'hui, et Jules Sala, à qui revient l'honneur d'avoir été un des premiers professeurs de clinique.

reprise du même mal. Et ce fut en vain que Jean-Dominique Sala mit en usage tous les moyens que l'art indique, et auxquels il avait eu recours déjà avant que je pratiquasse l'opération; jamais la malade ne put se rétablir (1).

OBSERVATION XXI. — *Mélicéris du grand angle de l'œil, s'étendant jusqu'à la pupille, qu'on traita en vain par une grande quantité de remèdes, et qui fut enfin enlevé adroitement avec son follicule, sans blesser l'œil* (2).

Pour suivre l'ordre que je me suis imposé, il me faut arriver aux maladies des yeux, des oreilles et des parties voisines. Donc j'ai donné mes soins à un chanoine polonais, affecté d'une tumeur mélicéritique qui s'étendait depuis la caroncule, dans le grand angle de l'œil, jusqu'à la pupille, qu'elle recouvrait entièrement. Beaucoup de médecins avaient tenté cette cure, et des médicaments de toute espèce, décoctions, collyres, etc., avaient été mis en usage pendant huit mois, mais sans résultat. Il vint me consulter; je pensai qu'il fallait en venir à l'extirpation; il redoutait l'opération, mais l'espoir d'être guéri le décida. J'entrepris aussitôt cette opération, le malade ayant été soigneusement expurgé à l'avance par les autres médecins. Je me munis d'un crochet, avec lequel j'accrochai et

(1) Cf. G.-M. de La Motte, *Traité de chirurgie*, 3e édit., t. I, p. 648, obs. 172; Paris, 1771.
(2) Obs. volée par J.-B. Lamzweerde (*op. cit.*, obs. 5, p. 229).

saisis d'une main la tumeur, tandis que de l'autre main je la disséquais avec des ciseaux et l'enlevais avec son follicule, la séparant de la caroncule, de la conjonctive et de la pupille. J'eus ainsi la tumeur entière, sans avoir en aucune manière offensé l'œil. Après l'opération, j'appliquai du coton imbibé d'eau de roses agitée avec du blanc d'œuf et une petite quantité de safran, et laissai le malade pendant trois jours avec cet appareil ; je mis ensuite en usage un collyre d'eau de roses et de poudre de tuthie préparée. En huit jours, le malade fut complétement rétabli. Mon maître, Fabrice d'Aquapendente, avait blâmé mon audace ; et cependant je vins à bout, en peu d'instants, de ce que les autres médecins n'avaient pu faire. L'illustre J.-D. Sala et un grand nombre d'étudiants assistaient à l'opération.

OBSERVATION XXII. — *Fistule lacrymale chez une jeune fille, guérie par l'incision, le caustique, et les autres moyens que l'art indique. On y a joint une méthode vraie et assurée de guérir les fistules lacrymales, quoiqu'elle soit opposée au sentiment de plusieurs* (1).

Quoique tous les écrivains, soit en médecine, soit en chirurgie, aient divers moyens à proposer pour

---

(1) Obs. volée par J.-B. Lamzweerde (*op. cit.*, obs. 6, p. 230). Même nom de la malade, mêmes détails ; mais le chirurgien s'appelle Pierre Molensteen, et l'opération que P. de Marchettis rapporte déjà en 1665 aurait été pratiquée en 1666.

guérir les fistules lacrymales, je veux cependant mettre en avant quelques remarques que j'ai faites à ce
sujet, bien qu'elles ne soient pas éloignées de la pratique des autres. J'ai guéri la fille d'un marchand
nommé Curti, âgée de 7 ans, qui était atteinte depuis sa plus tendre enfance d'une fistule lacrymale,
et qu'on avait traitée déjà plusieurs fois en vain, et
cela de la manière suivante : J'incisai la fistule, et
comme l'enfant n'aurait pu supporter plus longtemps
cette opération, et que l'os était corrompu et que
la partie cariée n'aurait pu être enlevée au moyen
d'une simple incision, je me vis forcé d'employer le
caustique mêlé avec l'onguent ex betonica, et de dilater peu à peu la fistule, afin de pouvoir extraire
tout l'os gâté. Une fois celui-ci enlevé, j'appliquai sur
l'os qui restait de la charpie sèche, jusqu'à ce qu'une
chair louable y prît naissance. J'avais mis en usage
auparavant les digestifs convenables; je mis ensuite
sur les lèvres de la plaie de l'onguent de tuthie au
lieu de sarcotique, à cause du flux continuel d'ichor
vers l'angle de l'œil; enfin j'obtins la cicatrisation à
l'aide de cérat diachalciteos et de charpie sèche très-
fine.

J'ai guéri un certain nombre de fistules lacrymales
de la même manière, bien que, lorsqu'il y a des callosités fistuleuses, je me serve plus volontiers, si les malades y consentent, du fer rouge. Ce moyen non-seulement détruit les callosités et raffermit la partie,
mais encore amène une séparation plus prompte de
l'os gâté, quoique certains pensent qu'il faut percer

l'os, afin que le pus prenne son cours par les narines, et qu'il se forme une cicatrice extérieure ; mais ce qu'ils font, ils le font en vain, puisqu'il faut cautériser cet os perforé, à leur sens, pour que l'ouverture devienne plus grande et donne issue au pus. Quand l'os est corrompu, il le faut ôter complétement, sans quoi la fistule ne pourrait guérir, et on ne pourrait obtenir une cicatrice extérieure : on n'aurait donc qu'une cure palliative et peu assurée. D'ailleurs cette perforation n'a pas d'autre utilité que d'amener la séparation plus rapide de l'os perforé et cautérisé, à la place duquel la nature engendre d'abord une certaine chair, qui, avec le temps, devient calleuse et aussi résistante que l'os ; ce qui est le terme de la cure, parce que la peau s'unit avec cette chair qui naît de l'os. Ainsi se guérit la fistule. Il n'en est pas ainsi tant qu'on laisse subsister un trou, duquel s'écoule sans cesse du pus, qui trouvait autrefois une issue à l'angle de l'œil par les orifices qu'on nomme points lacrymaux. Au bout de vingt ou trente jours environ, l'os cautérisé et perforé se détache, et le trou est rempli, comme je l'ai dit, par la chair qui se développe. Ceux-là donc se trompent grossièrement, qui croient trouver dans la perforation de l'os cet avantage que le pus prenne son cours par les narines ; elle ne sert qu'à déterminer la séparation plus prompte de l'os gâté. Il faut remarquer cependant qu'il faut se garder de perforer l'os, s'il n'est le siége d'une grande corruption qui parvienne jusque dans la cavité des fosses nasales ; s'il n'y a en effet que la partie superficielle qui soit corrompue ou altérée, il suffit d'enlever avec une rugine les points malades, afin que la peau s'unisse à l'os et le recouvre ; ce qui ne peut se faire si celui-ci n'est pas sain et intact. Vous saurez que vous avez enlevé avec la rugine toute la partie corrompue, si, au bout de dix ou douze heures au plus, vous voyez croître de la chair, car la fistule ne se cicatrise qu'autant que vous avez ruginé la partie malade. Si, une fois la rugination faite, vous ne voyez pas apparaître de bourgeons charnus, vous pouvez être assuré qu'il y a encore des parties osseuses gâtées, qu'il vous faut enlever aussi, jusqu'à ce qu'enfin les signes dont j'ai parlé fassent défaut. C'est en procédant de la sorte que j'ai toujours guéri heureusement et sûrement les fistules lacrymales, non-seulement chez les enfants, mais aussi chez les adultes. Comme ceux que j'ai guéris sont en assez grand nombre, je crois superflu de donner leurs noms, qu'il me serait difficile d'ailleurs de me rappeler.

Quant aux fistules qui ne s'accompagnent pas de carie de l'os, et il y en a un certain nombre, on peut les guérir des deux façons suivantes : soit par l'incision et l'attrition des callosités, jusqu'à ce que la chair apparaisse, ou bien, s'il n'y a pas de callosités, par la compression à l'aide de l'instrument de Fabrice d'Aquapendente (1) ou de tout autre analogue.

---

(1) Fabrice d'Aquapendente se borne à indiquer cet instrument, il ne le décrit pas (voyez ses *Œuvres chirurgicales,* trad. franç., in-8°, p. 561 ; Lyon, 1729).

Mais, comme la plupart des auteurs ont traité cette matière, je crois inutile d'y insister ; car je veux donner au public mes propres observations, et non l'entretenir de tout ce qu'ont fait les autres.

OBSERVATION XXIII. — *Plaie du grand angle de l'œil, faite par le manche d'un éventail, guérie ; trois mois après, apparition d'une tumeur au palais, extraction d'un fragment de cet instrument brisé dans la plaie (1).*

Je me souviens d'avoir donné des soins à un mendiant qui, ayant demandé l'aumône avec importunité à un gentilhomme de Padoue (c'était pendant l'été), reçut de celui-ci un coup de manche d'éventail si violent dans le grand angle de l'œil, qu'une portion de cet instrument, longue de trois doigts, se cassa et resta dans la plaie. Il n'y en avait de visible à l'extérieur qu'une petite portion qui faisait saillie au grand angle de l'œil ; le reste avait fracturé l'orbite et était descendu vers le palais. Je donnai des soins à cet homme, pendant un mois, à l'hôpital : je fis d'abord l'extraction de ce qui faisait saillie au grand angle de l'œil, et je croyais que c'était tout ; je le soumis à des collyres d'abord anti-inflammatoires, puis desséchants, et, la cicatrisation s'étant faite, il quitta l'hôpital, guéri en apparence. Mais, trois mois après

---

(1) Obs. volée par J.-B. Lamzweerde (*op. cit.*, obs. 7, p. 231); le gentilhomme de Padoue est devenu Espagnol, et le chirurgien s'appelle Ophemius.

environ, il revint me trouver, ayant une tumeur assez volumineuse au palais. J'incisai cette tumeur ; ce que faisant, mon bistouri heurta le manche de l'éventail, dont je fis l'extraction à l'aide de pinces. J'appliquai ensuite de la charpie enduite de blanc d'œuf, et, le lendemain, des bourdonnets enduits de miel rosat, pendant quelques jours ; enfin j'eus recours au miel rosat et à l'eau d'orge, et le malade fut complétement rétabli (1).

OBSERVATION XXIV. — *Athérome de la partie interne de la paupière inférieure, près de l'angle interne de l'œil, survenu à la naissance, et ayant le volume d'une noisette, chez une petite fille de 5 mois, enlevé à l'aide de l'instrument tranchant ; guérison.*

J'ai donné des soins à une petite fille de 5 mois, qui avait été atteinte, à sa naissance, d'un tubercule gros comme un pois, situé à la partie interne de la paupière inférieure, près du grand angle de l'œil. Cette tumeur, en cinq mois, prit le volume d'une noisette ; elle appartenait au genre *nata* (2). En effet, elle

---

(1) Cette observation intéressante n'est guère connue ; elle a été rapportée aussi par Th. Bartholin (voyez la collection de Bonet, t. II, p. 418), qui y a ajouté ce détail piquant, que le malade, ayant recouvré une santé entière, pendit ce bois à son cou, et, allant de rue en rue, criait au miracle.

(2) Voyez, pour la définition de ce mot, les anciens lexiques de médecine, et en particulier celui de Castelli. Ambroise Paré, t. I, p. 348 (édit. Malgaigne), dit : «*Nata* est une grande ex-

était entièrement charnue, enveloppée d'un follicule mince. Je la coupai à sa racine avec des ciseaux; l'enfant perdit à peu près une once de sang; j'arrêtai l'hémorrhagie avec du bol d'Arménie, du sang-dragon, du blanc d'œuf et de la charpie très-fine. J'appliquai ensuite de l'eau de roses agitée avec du blanc d'œuf et du bol d'Arménie en poudre très-fine. Huit jours après, la petite malade était rétablie, et elle est encore, à l'heure qu'il est, bien portante.

OBSERVATION XXV. — *Tumeur charnue de la paupière inférieure, près de l'angle externe de l'œil, guérie heureusement par la section.*

C'était d'une affection à peu près semblable qu'était atteint un révérend père franciscain réformé, qui, ayant été soigné sans résultat à Naples, à Rome, à Florence et à Gênes, vint en dernier lieu se mettre entre nos mains. Je trouvai à la paupière inférieure, près l'angle externe de l'œil, une tumeur charnue, du volume d'un grain de raisin. Après avoir fait ce qui convient pour évacuer les humeurs nuisibles, j'enlevai la tumeur avec des ciseaux, et j'appliquai aussitôt après du blanc d'œuf avec de l'eau de roses. Quelques jours après, je mis en usage un peu de vert-de-gris, pour consumer quelque peu des racines de la

___

croissance charneuse, de la forme d'un melon, ou comme chair de fesses, dites *nates* en latin, dont luy peut estre escheu le nom, si ce n'est qu'elle vienne aux fesses plus tost qu'en autre membre.»

tumeur qui avaient échappé à l'instrument tranchant ; enfin, ayant achevé la cicatrisation avec des poudres desséchantes, le malade fut complétement rétabli au bout de vingt jours.

Observation XXVI. — *Contusion grave du nez, avec fracture comminutive de la partie osseuse, heureusement guérie.*

Un marchand de Padoue reçut un coup violent d'une pièce de bois sur les os du nez ; immédiatement il versa des larmes abondantes, et la vision fut abolie ; en outre il fut privé, pendant une demi-heure, de sentiment et de mouvement ; enfin les os propres du nez furent mis en pièces de la grosseur de grains de millet. Je fus appelé : il avait déjà recouvré ses sens. J'introduisis un morceau de bois d'une forme appropriée dans les fosses nasales, je réduisis avec les doigts la fracture, et rendis au nez sa forme naturelle. Ensuite, ayant retiré le morceau de bois, j'introduisis une tente entourée d'un linge enduit de blanc d'œuf agité avec de l'eau de roses, et un peu d'huile rosat, et sur les yeux de la pulpe de pommes cuites sous la cendre et de casse fraîche. En outre je fis tout ce qui convenait pour arrêter la fluxion : les émissions sanguines, les lénitifs, les altérants et les purgatifs, comme il est d'habitude dans les plaies et contusions. Le jour suivant, je remplaçai les tentes par des plumes d'oie, enveloppées d'un linge fin imbibé des médicaments susdits, et à l'extérieur je continuai les mêmes applications, tout cela jusqu'au quatorzième jour, jour où l'inflammation et la tuméfaction produites par la contusion cessèrent. Enfin, comme les parties internes du nez avaient été aussi lésées, pour obtenir une cicatrice solide, j'y introduisis une canule de plomb enduite d'onguent de tuthie, sur lequel j'avais répandu de la poudre de corne de cerf brûlée, de terre sigillée et de roses rouges. J'obtins ainsi la cicatrisation des fosses nasales à l'intérieur ; je mis du cérat diachalciteos, mêlé avec de la poudre de bol d'Arménie oriental. Au bout de quarante jours, la guérison fut complète, le nez ayant repris sa forme naturelle et convenable. Enfin, pour les yeux, quand l'inflammation fut apaisée, j'employai un collyre d'eau de roses et de poudre de tuthie préparée, ce qui les guérit aussi, le malade ayant cependant perdu la vue et étant encore aujourd'hui du nombre des vivants (1).

---

(1) A la lecture de l'observation qui précède, j'avais eu recours aux ouvrages classiques, et j'avais été surpris de voir qu'ils blâmaient presque tous la conduite qu'a tenue en pareil cas P. de Marchettis, non pas qu'ils connussent son observation, mais d'une manière abstraite. L'origine de ce blâme remonte à J.-L. Petit, qui a servi de guide à presque tous les auteurs qui ont écrit depuis sur ce sujet. Mais, ayant consulté l'excellent *Traité des fractures et des luxations* de M. J.-F. Malgaigne (Paris, 1847, in-8°, t. I, p. 362 et suiv.), j'ai vu, non sans satisfaction, que j'aurais en lui un puissant auxiliaire dans la croisade que j'entreprendrais volontiers à ce sujet pour les anciens contre les modernes. Si en effet, dans le plus grand nombre des cas, les moyens contentifs sont inutiles, sinon nui-

OBSERVATION XXVII. — *Obstruction des fosses nasales, complète d'un côté, incomplète de l'autre, par
un faux polype, c'est-à-dire par des callosités développées sur un ulcère résultant d'une contusion; guérison.*

J'ai donné des soins, dans la maison du très-dis-
tingué Jean Rhodius, à un gentilhomme allemand
affecté d'une obstruction complète d'une des fosses
nasales, celle du côté opposé l'étant à moitié, si bien
que le malade avait peine à respirer. Cette obstruction avait pour cause première une contusion grave
du nez, que le malade avait éprouvée dans son enfance. On sait qu'en pareil cas les parties internes sont
le plus souvent lésées en même temps que les externes,
et qu'il survient un ulcère sur lequel se développent

---

sibles, dans les fractures qui nous occupent, il faut avouer
cependant que lorsque le broiement est tel que le déplacement
tend sans cesse à se renouveler, ils deviennent nécessaires.
L'honneur d'avoir eu recours à cette pratique ne revient pas du
reste à P. de Marchettis. Tout, jusqu'aux moindres détails, se
retrouve dans les écrivains de l'antiquité (voy. Hippocrate,
Celse, Guy de Chauliac, Lanfranc, A. Paré, etc.); et cependant
tout cela, en vertu du *veto* de J.-L. Petit, nous est en quelque
sorte inconnu, le serait du moins, si M. Malgaigne n'avait de
nouveau, et avec beaucoup de raison, insisté sur la thérapeutique des anciens. Pour nous, nous ne pouvons que nous as-
socier au jugement que M. Malgaigne a porté en disant (*op. cit.*,
p. 368): «Je crains que J.-L. Petit ne s'en soit trop aveuglément
fié, dans cette occasion, à son expérience personnelle, et n'ait
fait trop bon marché de l'expérience des autres.» M. Malgaigne
rapporte ensuite l'observation de P. de Marchettis, et une analogue de Saviard (obs. 107).

des bourgeons charnus, qui, s'indurant avec le temps, donnent naissance à un faux polype, et il faut alors recourir au moyen proposé par Fabrice d'Aquapendente. Quelquefois même ce polype acquiert une dureté comparable à celle du tissu osseux. C'est ce qu'on pouvait observer chez ce gentilhomme allemand, surtout du côté où la narine était complétement bouchée. Ayant donc purgé convenablement le malade, je pratiquai l'opération, en présence de plusieurs étudiants allemands; je fis passer, au travers de ces callosités résistantes et de la partie obstruée, un cautère pointu protégé par une canule, pendant vingt jours, pour rétablir le passage de l'air. Je mis plusieurs jours à faire cette opération, parce que le malade n'aurait pu supporter la cautérisation faite d'une manière continue. J'introduisis après l'opération un bourdonnet de charpie sèche enduit de beurre; je fis tous les jours des onctions sur le nez avec de l'huile ou de l'onguent rosat, pour arrêter l'inflammation. Cette opération fut très-pénible, parce que ces callosités étant très-dures, surtout à la surface, le malade souffrait cruellement des cautérisations. Enfin, ayant achevé de perforer ce faux polype, comme je l'ai dit, et ayant calmé la douleur à l'aide de médicaments anodins, j'introduisis une tente enduite d'onguent de tuthie, qui amena peu à peu la cicatrisation. Pour qu'elle fût plus solide, je saupoudrai la tente de poudre de bol d'Arménie oriental et de corne de cerf brûlée, et d'une petite quantité d'encens; la cicatrice devint ainsi si solide, qu'il n'y eut plus à y toucher,

et que le passage demeura libre. Je m'occupai ensuite de l'autre fosse nasale, qui n'était pas complétement obstruée, et par laquelle le malade respirait
tant soit peu ; aussi m'étais-je abstenu d'opérer en
même temps sur les deux côtés, pour laisser au malade la facilité de respirer. Je vins plus vite à bout
de celle-ci, les callosités n'étant pas aussi résistantes ;
deux ou trois cautérisations, pratiquées comme toujours au moyen d'une canule, suffirent pour rendre
au conduit son calibre naturel. Je me conduisis du
reste comme pour l'autre côté, et en cinquante jours
le malade fut complétement rétabli.

OBSERVATION XXVIII. — *Carnosité dure bouchant le
conduit auditif jusqu'au tympan, datant de la vie in-
tra-utérine, suppurée et laissant écouler une sérosité
fétide, guérie, le malade ayant recouvré l'ouïe* (1).

Un jeune homme de 14 ans, de Lendinara, vint me
trouver. Il avait de naissance une oreille obstruée
par une carnosité dense, qui cependant, érodée à sa
circonférence, laissait écouler une sécrétion purulente, entièrement fétide ; tout le conduit auditif était
rempli jusqu'à la membrane du tympan. Ayant convenablement purifié le corps, je pratiquai l'opération, et pour cela je me munis d'une sorte de pince

_____

(1) Obs. volée par J.-B. Lamzweerde (*op. cit.*, obs. 15, p. 241).
C'est toujours un garçon de 14 ans, mais il vient de Leerdam ;
mêmes détails, y compris l'instrument de Fabrice d'Aquapendente.

à mors concaves intérieurement, comme Fabrice d'Aquapendente l'a indiquée pour extraire les polypes. Ayant introduit à plusieurs reprises cet instrument dans l'oreille, je fis peu à peu l'ablation de tout ce tissu végétant; puis, à l'aide d'un cautère introduit dans une canule, je cautérisai ce qui restait. J'employai ensuite les médicaments qui empêchent la formation des croûtes; enfin j'obtins la cicatrisation à l'aide de dessiccatifs. Je rendis ainsi le malade à la santé, lui faisant recouvrer l'ouïe, dont il avait été privé jusqu'alors (1).

OBSERVATION XXIX. — *Cancer ulcéré de la lèvre inférieure chez un vieillard de 84 ans, guéri par l'excision, renaissant trois ans après dans la gorge, et amenant la mort du malade. On y a joint l'observation d'un cancer ulcéré chez une femme de 70 ans, guéri par le seul usage de l'onguent de céruse.*

J'ai donné des soins à un vieillard de 84 ans, de Salo, affecté d'un cancer ulcéré de la lèvre inférieure, du volume d'un demi-œuf de poule. Bien que je l'eusse averti que son mal était incurable, il désira néanmoins être opéré et me pria de le faire. Ayant donc purifié le corps auparavant, je fis l'extirpation du mal jusqu'à sa racine avec l'instrument tranchant. Le sang s'écoula avec impétuosité, et le malade en perdit environ 10 onces; j'arrêtai cette hémorrhagie

_____

(1) Voir Itard, *Mal. de l'oreille;* Paris, 1821, 2 vol. in-8°.

sans cautérisation, et je n'eus recours qu'à du coton brûlé et des poudres astringentes. J'appliquai des digestifs pendant quelques jours, et, du pus louable s'écoulant de la plaie, j'en conjecturai que toute la substance cancéreuse avait été enlevée ; puis j'obtins la cicatrisation à l'aide d'onguent de céruse camphré, préparé dans un mortier de plomb ; elle fut complète au bout de vingt jours, et le malade demeura pendant trois ans sans éprouver aucun accident. Au bout de ce temps, un nouveau cancer survint dans la gorge, qui emporta rapidement le malade, bien que j'eusse pensé que la matière mélancolique, étant épuisée par les progrès de l'âge, ne pouvait se porter en un autre point pour y donner naissance à un autre cancer, ce qui, il est vrai, arrive le plus souvent, de l'avis de tous les auteurs. On voit en effet d'habitude, lorsqu'un cancer a été enlevé en un point, un autre cancer survenir quelque temps après. Ce qui me fortifiait dans mon opinion, c'est que j'avais vu dans ma pratique une femme de 70 ans, servante au collége de Sainte-Catherine, atteinte d'un cancer ulcéré du nez, à qui j'avais prescris de l'onguent de céruse, plutôt pour calmer les douleurs auxquelles elle était en proie que dans l'espoir de la guérir, et qui, contre mon espérance, en l'espace d'un mois, et sans le secours d'aucun autre remède, avait été parfaitement guérie et vécut longtemps en bonne santé. J'estimai que cela était dû au bénéfice de l'âge, et il était raisonnable de supposer qu'il en serait de même chez le vieillard dont je viens de parler. Quoique cette méthode de traitement soit employée non-seulement par moi, mais par beaucoup d'autres, comme je l'ai dit; comme il arrive rarement que les cancers ulcérés guérissent complétement et ne récidivent pas, comme cela s'est rencontré chez cette femme, j'ai cru utile de joindre cette observation aux autres. Peut-être le cancer n'eût-il pas récidivé trois ans après chez le vieillard dont j'ai parlé, si dans les six mois on avait mis en usage les remèdes propres à chasser l'humeur mélancolique.

OBSERVATION XXX. — *Cancer ulcéré de la lèvre inférieure, du volume d'un œuf de pigeon, guéri par l'excision.*

J'ai guéri encore de la même manière, à l'hôpital Saint-François, de Padoue, un homme de 40 ans environ, atteint d'un cancer ulcéré de la lèvre inférieure, gros comme un œuf de pigeon. J'ordonnai, dès le début, qu'il prît, au printemps et à l'automne, les médicaments propres à chasser l'humeur mélancolique, les réfrigérants et les humectants. Il mourut, quatre ans après, dans le même hôpital, d'une fièvre maligne; mais il ne lui était survenu de cancer dans aucune partie du corps. Je pense donc qu'il ne faut pas renoncer à tout espoir de guérir les maladies de cette nature; peut-être les malades dont j'ai parlé auraient-ils pu éviter la mort, s'ils s'étaient conformés aux prescriptions des médecins.

OBSERVATION XXXI. — *Tumeur mélicérique, ayant*

pris naissance sous la langue, près des ranines, s'étant étendue peu à peu le long de la partie droite du cou, près des veines jugulaires et des artères carotides jusqu'à la gorge, portant obstacle à la respiration, guérie par l'incision (1).

La langue peut être le siége de maladies diverses, parmi lesquelles les plaies et les tumeurs de diverse nature. J'ai eu à traiter une tumeur singulière, un mélicéris, chez un R. P. théatin, G. Capdebœuf, de Modène, à qui il vint une tumeur au-dessous de la langue, en ce point où sont situées les veines ranines, et où survient la maladie nommée *grenouillette*. Cette tumeur, qui pouvait être considérée comme une grenouillette, quoiqu'elle ne fût pas légitime, s'accrut peu à peu, jusqu'à ce qu'elle eut acquis le volume d'un œuf, s'étendant, au fur et à mesure qu'elle grossissait, le long de la partie latérale droite du cou, dans le voisinage des veines jugulaires et des artères carotides, jusqu'à la gorge, entre les amygdales et l'œsophage, et, une fois arrivée là, exerçait par sa masse une compression telle sur la trachée-artère, que si le chirurgien ne l'eût ouverte tous les mois pour la vider de la matière qui y était contenue, le malade aurait couru les plus grands dangers, à cause de la gêne apportée à la respiration et à la déglutition, fonctions indispensables à la vie. Beaucoup essayèrent de venir à bout de cette tumeur en l'inci-

---

(1) Observation volée par J.-B. Lamzweerde (*op. cit.,* obs. 16, p. 241).

sant, ce qui soulageait le malade, mais ne le guérissait pas, la tumeur revenant, au bout d'un mois, au volume qu'elle avait auparavant. Aussi ce révérend père, craignant d'être suffoqué, vint à Padoue et se mit entre mes mains. Lui ayant prescrit d'abord toute espèce de révulsion, au moyen de la purgation de tout le corps et des émissions sanguines, je m'occupai du mal local. J'incisai assez largement la tumeur dans sa partie inférieure, coupant à dessein un certain nombre de rameaux veineux émanés des ranines, afin que le follicule se flétrît, faute de nourriture. J'introduisis ensuite une tente longue et épaisse, imbibée de blanc d'œuf battu, jusqu'au fond de la tumeur. Le second jour, je fis une autre incision au cou, là où se terminait la tumeur, sans blesser les gros vaisseaux, et j'introduisis là aussi une tente semblable à l'autre, imbibée de blanc d'œuf, ajoutant par-dessus du coton brûlé avec des poudres de sang-dragon et de bol d'Arménie, pour arrêter le sang qui coulait assez abondamment. Le sixième jour, comme il n'y avait plus à craindre l'inflammation, je cautérisai en dedans de la bouche et à l'extérieur, au cou, le follicule avec le fer rouge; puis, pour déterger et faire tomber les eschares, j'employai à l'extérieur un digestif de térébenthine et de beurre lavés en eau de roses, de jaune d'œuf et d'huile de sureau; à l'intérieur, des bourdonnets de charpie enduits de miel rosat. La plaie sécrétant du pus louable, je plaçai des tentes enduites d'onguent ex betonica, que je raccourcissais de jour en jour.

A l'intérieur, j'appliquai de la charpie saupoudrée de poudre de tuthie, de corne de cerf brûlée et de terre sigillée. Le malade fut complétement guéri en quarante jours, et la maladie ne récidiva point.

OBSERVATION XXXII. — *Adhérences de la langue au plancher de la bouche, après la guérison d'une plaie par arme à feu, accompagnées de perte de la parole, détruites par une dissection habile, avec rétablissement des fonctions de l'organe.*

Un homme de la campagne avait été guéri d'une fracture de la mâchoire inférieure, produite par un coup de feu, par un chirurgien de village, cure certainement bien digne d'un tel médecin; car, comme, dans les plaies de cette sorte, le pus corrode le plus souvent les parties voisines, le malade ne fut pas complétement guéri. En effet, la balle ayant traversé la mâchoire inférieure de part en part, la partie inférieure de la langue fut attaquée non par le projectile, mais par le pus, ainsi que les parties situées au-dessous, de telle sorte qu'il se forma des adhérences, et que le malade ne pouvait non-seulement tirer la langue, mais encore la mouvoir, et que la parole lui était interdite. J'entrepris de le guérir et de remettre la langue en état de remplir ses fonctions; pour cela je séparai peu à peu avec l'instrument tranchant les parties unies ensemble, faisant à petits coups la section des adhérences, ce qui dura quinze jours. Le patient recouvra la parole. Après la dissection, je me bornai à placer sous la langue un linge imbibé de blanc d'œuf avec de la poudre de bol d'Arménie oriental, et je fis prendre tous les jours au malade, pour apaiser la douleur et l'inflammation, de l'eau d'orge avec du sirop diamoron; quelquefois aussi du lait, quand la douleur était vive. Ainsi fut guéri ce malade.

OBSERVATION XXXIII. — *Tumeur charnue et squir-rheuse auprès des veines ranines, avec empêchement de la parole et des mouvements de la langue, guérie habilement par la section et la cautérisation.*

J'ai guéri un gentilhomme de Vérone, qui avait une tumeur sublinguale, en ce point où les ranines prennent naissance, du volume d'une grosse noisette, dure, mais charnue, qui mettait obstacle à l'émission des sons et aux mouvements de la langue. Elle n'avait pas de cavité et ne contenait aucune matière autre que celle qui formait sa substance propre et qui était charnue. En un mot, c'était une tumeur apparte-nant plutôt au squirrhe qu'à toute autre espèce, indolente, sauf la douleur résultant de l'application des remèdes. Ayant donc purifié le corps, je me dis-posai à faire l'opération; comme je ne pouvais atta-quer la tumeur avec le bistouri, à cause de sa du-reté, je me munis d'instruments particuliers pour l'exciser et la cautériser. En un mois, je l'extirpai jusqu'à ses racines. J'appliquai ensuite seulement des poudres astringentes, avec des blancs d'œufs, comme dans le cas précédent. La douleur et l'inflammation résultant de la section et de la cautérisation une fois calmées, j'eus recours aux anodins et aux médicaments convenables. Le malade fut complétement rétabli au bout de deux mois.

OBSERVATION XXXIV. — *Tumeur de la gencive, au-dessous de laquelle non-seulement la dent, mais encore l'alvéole, ainsi qu'une partie de la mâchoire inférieure jusqu'à l'os de la pommette, étaient cariées ; d'où une autre tumeur en ce point, qui, ayant été incisée, a laissé voir le mal. Rugination, cautérisation ; guérison.*

On voit naître aux gencives, et produites par le sang, certaines tumeurs que les Grecs ont appelées parulies, qui, avant d'être suppurées, causent de vives douleurs, et qui, une fois suppurées, si elles ne s'ouvrent pas, attaquent le plus souvent les alvéoles des dents, d'où le plus souvent des fistules qui font disparaître une partie non-seulement des alvéoles, mais encore de la mâchoire. C'est ce que j'ai vu arriver l'an dernier à un jeune moine de Sainte-Justine, à qui il survint une tumeur de la gencive, sous laquelle non-seulement la dent correspondante, mais l'alvéole et une partie de la mâchoire, étaient cariées avec de tels dégâts que cela allait jusqu'à l'os de la pommette. Il survint en ce point une tumeur volumineuse, qui laissa écouler une grande quantité de pus lorsque je l'eus incisée. Quelques jours après, en l'explorant avec le stylet, je trouvai les os dont j'ai parlé cariés ; et, lorsque le malade retenait son souffle, on voyait du pus sortir par l'ouverture. J'entrepris de guérir cette maladie d'abord par les rugines ; mais, comme l'os était gâté jusqu'aux alvéoles des dents inférieures, il me fallut avoir recours à plusieurs cautérisations, laissant le trou ouvert jusqu'à ce que l'os se fût séparé. Une fois cela fait, je pus obtenir la cicatrisation. J'ai voulu avertir de tout ceci, pour qu'on n'attende pas la suppuration des tumeurs de cette sorte, ce qui amène facilement la carie des os et donne naissance à des fistules graves et difficiles à guérir. Lors donc que ces tumeurs apparaissent aux gencives, il ne faut pas attendre la suppuration pour les inciser largement, afin que le sang qui est amassé en ce point soit évacué. En agissant ainsi, on évite toutes les suites fâcheuses dont j'ai parlé ; je parle d'après mon expérience, qui est confirmée sur ce point par celle des autres. Car, lorsque l'incision a été faite, et que le sang qui était amassé est évacué, le contact de la salive, sans qu'il y ait besoin de médicaments, suffit pour guérir l'incision ; la douleur cessant du reste un quart d'heure après.

OBSERVATION XXXV. — *Mélicéris du cou, situé près de la trachée-artère et des veines jugulaires externes, dans le follicule duquel en était contenu un autre moins volumineux, pourvu aussi de sa membrane d'enveloppe.*

Un révérend père théatin, de Gênes, de la maison Spinola, avait au cou, près de la trachée et des jugulaires, une tumeur du volume d'un œuf de poule. L'ayant vu en consultation avec des hommes très-distingués, nous convînmes unanimement que la tumeur était un mélicéris ; et cependant, lorsqu'elle eut été incisée, il ne s'écoula rien autre chose qu'une sérosité jaunâtre. Mais ce qui est remarquable, c'est qu'ayant séparé le follicule des tissus voisins, et l'ayant fendu pour être plus sûr de l'extirper jusqu'à ses racines, nous trouvâmes au-dessous une autre tumeur, enveloppée, elle aussi, de son follicule, moins volumineuse, emplie de la même matière, et laissant écouler à l'incision de la sérosité jaunâtre; elle était contenue dans le premier follicule, de telle façon qu'elle semblait nager dans le liquide qui y était contenu. Comme je la coupais en travers avec mes ciseaux, en même temps qu'un ramuscule de la jugulaire externe, qui donnait des matériaux de nutrition à la tumeur, afin d'extraire plus facilement le follicule, le sang vint à partir avec violence. Je l'arrêtai cependant facilement en mettant le doigt sur le vaisseau, et à l'aide de coton brûlé et de poudres astringentes, tellement qu'il ne s'en écoula plus une seule goutte. Mais, n'osant me servir de l'instrument tranchant pour enlever ce qui restait du follicule, à cause des veines et des artères qui étaient au-dessous, je tentai d'abord la digestion à l'aide du digestif rosat, et de crainte que la section ne causât de l'inflammation, j'appliquai autour de la plaie de l'huile rosat et un liniment simple. La digestion une fois faite, comme il restait encore un peu de follicule, je mis sur la partie la plus mince du précipité pulvérisé, sur celle qui était plus épaisse un peu de caustique, et, peu à peu, sans effusion de sang, je détruisis les deux follicules. Ensuite, la cavité s'étant remplie à l'aide des sarcotiques, et s'étant, par les épulotiques, recouverte d'une cicatrice qui était de la longueur de l'index, le malade fut heureusement rendu à la santé. Il va sans dire que je n'avais pas mis en oubli la purification du corps.

OBSERVATION XXXVI. — *Tumeur inflammatoire du cou chez un enfant d'un mois, gênant la dégluti-tion, guérie par quatre ventouses scarifiées appliquées sur les épaules et au-dessous. Quelques exemples de saignées suivies de succès chez des enfants atteints de maladies aiguës* (1).

Outre toutes les tumeurs du cou que décrivent les auteurs, j'en ai vu une chez un enfant d'un mois, qui est maintenant chanoine de Padoue, de nature inflammatoire, extérieure, auprès des ganglions du cou. Cette tumeur avait pris en quelques jours un accroissement si rapide, que ce noble enfant ne pou-vait déglutir le lait et était en grand danger de mort. On lui avait fait des frictions et administré des bains de pieds; mais c'étaient là des remèdes d'un faible se-cours, eu égard à la gravité du mal. Je prescrivis aussitôt quatre petites ventouses, de celles qu'on ap-pelle *cornettes;* deux devant être appliquées aux

---

(1) Les réflexions de Pierre de Marchettis sur ce point de pratique sont très-justes; il serait bon, dans un certain nombre de cas, de se défaire de la prévention qu'on a contre la saignée pratiquée chez les jeunes enfants.

épaules et deux au-dessous, avec trois ou quatre sca-
rifications seulement, de façon à tirer 2 onces de
sang. Par ce moyen, la tumeur, qui eût été mortelle
sans cela, diminua de volume quelques heures après,
ne tarda pas à se résoudre, et le malade fut guéri.

Je ne crois pas qu'on doive craindre de recourir à
ce moyen dans la première enfance, surtout lorsqu'on
se trouve en présence d'un cas grave. Pour moi, en
pareille occasion, j'ai prescrit souvent les émissions
sanguines : ainsi la saignée de la salvatelle du côté
affecté, chez un enfant de 10 ans, de la noble famille
Tergolina, atteint d'une pleurésie grave, qui fut ainsi
délivré le lendemain soir, et se rétablit parfaitement.
Une autre fois, chez un enfant de 7 ans, de la noble
famille Ridi, qui avait aussi une pleurésie, avec un
violent point de côté, je tirai 6 onces de sang environ de la salvatelle; le point de côté disparut, la
fièvre s'apaisa, et en faisant prendre ensuite à l'enfant
du sirop rosat avec de la manne, je le guéris au bout
de quatre jours. J'ai eu recours encore à ce moyen
chez d'autres enfants atteints d'angine, me fondant
sur ce fait d'expérience, que souvent les enfants de
3, 4 ou 5 ans, qui sont blessés par une pierre, un couteau ou tout autre instrument, perdent une livre de
sang, surtout lorsque l'artère temporale a été ouverte. Je n'ai pas remarqué que ceux chez qui j'ai
employé les émissions sanguines aient éprouvé aucun
retard dans leur croissance; j'en ai connu qui vivent
encore, robustes, gras et bien musclés. Aussi, dans
les maladies où la vie est en danger, lorsque la sai-

gnée est indiquée, je ne crois pas qu'on doive craindre d'y avoir recours.

OBSERVATION XXXVII. — *Fistule à la partie antérieure du cou, au-dessous du larynx, succédant à une
tumeur mal traitée par un barbier. Comment il faut
agir dans le traitement des plaies du cou, pour ne pas
offenser les jugulaires et les carotides* (1).

J'ai guéri un grand nombre de fistules du cou et
en particulier une certaine dont était atteint un jeune
garçon de 14 ans. Il lui était venu, à la suite d'une
contusion, une tumeur à la région antérieure du cou,
au-dessous du larynx, qui avait été soignée par un
barbier, et il en était résulté une fistule entre deux
anneaux de la trachée-artère, avec altération des
deux cartilages voisins, fistule qui laissait passer l'air.
Après avoir purgé toute l'économie à l'aide de médicaments propres à chasser les humeurs peccantes,
j'en arrivai aux topiques ; je dilatai d'abord les quatre
téguments avec une tente d'éponge, puis je ruginai
avec soin les points du cartilage malades, je mis dessus de la charpie sèche ; je détruisis en outre, avec
l'onguent d'Isis, les callosités qui commençaient à se
montrer sur les chairs ; enfin j'emplis la cavité de
bourdonnets de charpie enduits d'onguent de tuthie
et d'onguent d'Isis, et, les supprimant peu à peu, j'ob-

(1) Observation volée par J.-B. Lamzweerde (*op. cit.,* obs. 19,
p. 244).

tins la cicatrisation de la fistule avec du cérat diachalciteos et de la charpie sèche.

Il faut remarquer que, si les plaies du cou sont faites par ponction et qu'elles n'amènent pas immédiatement la mort, cela indique que les veines jugulaires
et les artères carotides n'ont pas été atteintes ; aussi
faut-il les traiter avec une grande circonspection,
parce que bien qu'elles ne percent pas le cou de part
en part, il ne faut pas cependant y introduire une
tente longue et épaisse, mais au contraire une fort
courte, qui ne dépasse pas les téguments. On l'oin-
dra d'abord de blanc d'œuf, et on mettra par-dessus
une compresse pliée en double, qui couvrira le cou,
et sera aussi enduite de blanc d'œuf, de bol d'Arménie
et de sang-dragon. On tirera ensuite du sang, en raison des forces du malade, et on donnera le lendemain
un lénitif, sans toucher à l'appareil pendant ces deux
jours, sauf pour enduire la compresse de blanc d'œuf
et des poudres susdites. Pour nourriture, seulement
de la tisane d'orge deux fois par jour ; pour boisson,
de l'eau d'orge en petite quantité : si l'on croit avoir
à craindre des accidents inflammatoires, il faut tirer
du sang du bras du côté opposé, en quantité convenable, et même, si la douleur est vive et que l'état
des forces le permette, appliquer des ventouses scarifiées. Il faut en effet déployer tous ses efforts pour
empêcher la formation du pus, qui pourrait éroder
les veines et les artères et mettre le malade en danger de mort, comme j'ai pu le voir chez quelques malades qui avaient été maltraités par des chirurgiens

7

péu exercés. Ils introduisaient de longues tentes, ce qui donnait lieu à un grand amas de pus, et par suite à l'usure des veines et des artères, et à la mort par conséquent. Aussi, au bout de deux ou trois jours, je prends le parti d'enlever la tente courte dont j'ai parlé; puis j'applique une compresse enduite de cérat de céruse, puis une autre enduite de blanc d'œuf et des poudres dont j'ai parlé. J'arrive ainsi à guérir ces plaies en huit ou dix jours au plus; faisant, pendant tout ce temps, observer au malade un régime de vie sévère, pour empêcher que les humeurs n'affluent au siége de la plaie, et, se convertissant en pus, n'amènent l'érosion des vaisseaux.

C'est encore de la même façon que je me conduis si la plaie traverse le cou; je mets de chaque côté une tente fort courte, comme je l'ai dit. Il faut en outre avoir soin de ne jamais explorer ces plaies avec un stylet, de peur de rompre une veine ou une artère, cela pourrait facilement arriver, et de mettre la vie en danger. En procédant de la sorte, j'ai guéri un grand nombre de ces blessés, et j'en ai vu au contraire mourir beaucoup qui n'avaient pas été soignés de même.

OBSERVATION XXXVIII. — *Deux fistules sous l'aisselle, qu'on avait soumises en vain à divers remèdes, guéries par le cautère actuel.*

Un malade, qui avait dans l'aisselle deux fistules profondes pour lesquelles on avait essayé en vain divers remèdes, vint me trouver. Elles pénétraient jusqu'aux côtes qui étaient au-dessous, et par conséquent on n'aurait pu y pratiquer des incisions sans blesser les vaisseaux et mettre immédiatement la vie en danger. C'était en vain que les médecins qui avaient donné des soins à ce malade avaient eu recours d'abord aux corrosifs, puis à la compression, aux ligatures et autres moyens. Comme le corps était suffisamment purgé, j'en arrivai immédiatement à l'opération. Je brûlai chaque fistule jusqu'à son fond, avec un fer rouge sans canule, à plusieurs reprises, jusqu'à ce que toutes les callosités qui en remplissaient le fond fussent complétement détruites. Pour modifier l'eschare, je me servis d'abord de tentes longues et épaisses enduites de beurre, puis de digestif. Lorsque je vis une suppuration louable s'établir, j'en introduisis d'autres enduites d'onguent ex betonica, que je raccourcissais de jour en jour; puis, les ayant supprimées complétement, je mis un coussinet de linge sous l'aisselle, j'exerçai sur la partie une compression assez forte, et le malade fut rendu à la santé en vingt jours.

OBSERVATION XXXIX. — *Comment on doit se conduire pour la cure des fistules du thorax, avec altération du sternum, cette dernière devant être traitée tantôt par l'abrasion seulement, tantôt par la cautérisation* (1).

---

(1) Voy., dans les *Prix de l'Acad. de chir.*, t. IV, in-4°, 1778, p. 19, un mémoire de Marvidès.

J'ai eu affaire souvent à des fistules succédant à des abcès ou à des plaies qui avaient corrompu ou du moins tant soit peu altéré le sternum; cela arrive surtout dans les cas d'abcès, à cause de la grande quantité de pus. Dans ce cas, il faut agrandir la fistule ou mettre une tente d'éponge préparée; il faut ensuite enlever, à l'aide de la rugine, toute la portion d'os altérée. On voit alors, et cela arrive peu d'heures après, se développer des bourgeons charnus de bonne nature; il faut alors mettre des bourdonnets de charpie enduits d'onguent ex betonica ou matrisylva, et, lorsque les bourgeons charnus se sont développés, amener la cicatrisation à l'aide des médicaments desséchants, dont j'ai parlé ailleurs. Si on ne voit pas au bout de peu de temps les bourgeons charnus apparaître, il faudra penser que la rugine n'a pas enlevé tout l'os malade, et revenir à la même opération, jusqu'à ce qu'il se forme de la bonne chair, et qu'on puisse recourir plus tard aux autres remèdes. Mais il ne faut jamais pratiquer la cautérisation du sternum, parce qu'il ne s'abcède point comme les autres os. Pour ceux-ci, en effet, bien qu'ils ne soient altérés que dans un point, et non dans toute leur épaisseur, si on y applique le fer chaud, la partie malade seule s'abcède et la partie saine demeure; ce qui n'arrive pas au sternum, car, étant d'une nature spongieuse, il ne peut s'en aller aussi facilement en petites lames. Aussi, la brûlure pénétrant jusqu'à sa partie interne, il faut que toute la partie atteinte s'abcède, et cela exige non pas trente ou quarante jours, comme il arrive aux autres os, mais quelquefois trois ans; aussi conseillé-je de ne jamais cautériser le sternum. J'ai remarqué assez souvent, en effet, que la partie morte ne se séparait du reste de cet os qu'au bout de deux ou trois ans. Il est donc plus sûr et plus facile d'avoir recours à l'abrasion de l'os; ceci regarde la fistule qui survient à la suite d'une plaie. Pour la plaie elle-même, quand elle n'est pas pénétrante, il faut tout d'abord en amener les bords au contact, si elle est grande, au moyen de la suture, si elle est étroite, par la compression, afin d'empêcher qu'il ne se produise du pus, qui amènerait la corruption de l'os ou tout au moins son altération. C'est ainsi que j'ai guéri ces plaies non pénétrantes, mais avec lésion seulement du sternum, en huit ou dix jours, sans employer autre chose que du cérat *ex cerusa* ou diachalciteos.

OBSERVATION XL. — *Plaie d'arquebuse dans l'articulation scapulo-humérale; guérison se maintenant pendant dix ans. Au bout de ce temps, formation d'une tumeur dans le même point, et extraction, à l'aide de pinces, de l'acromion corrompu.*

Un marchand de la maison Meruli, qui avait été blessé par un coup d'arquebuse dans l'articulation scapulo-humérale, fut guéri par le très-excellent Jules Casserius, de Plaisance, professeur d'anatomie et de chirurgie de grand renom. Pendant dix ans, sa santé fut parfaite; mais, au bout de ce temps, il se forma une tumeur considérable dans le point où sié-

geait la cicatrice, accompagnée de fièvre et de douleur vive. J'y fis aussitôt une incision : il s'écoula une
très-grande quantité de pus ; j'introduisis dans l'incision une tente enduite de blanc d'œuf, et je mis par-
dessus un plumasseau imbibé du même liquide. Mais
le lendemain, craignant qu'il n'y eût là-dessous quelque lésion de l'os, j'explorai la plaie avec un stylet,
et je sentis un fragment osseux mobile, dont je fis
l'extraction avec des pinces : c'était l'acromion en entier. Je fis usage de digestifs d'abord sarcotiques,
ensuite épulotiques, et en un mois le malade fut complétement rétabli.

Il ne faut pas s'étonner que, dans les plaies d'arquebuse, les os soient aussi longtemps à être expul-
sés : cela se voit souvent dans la pratique.

OBSERVATION XLI. — *Vraie méthode curative des
plaies pénétrantes de poitrine, soit qu'il y ait blessure des vaisseaux intercostaux et épanchement de
sang dans la cavité thoracique, soit que ces mêmes
vaisseaux ne soient pas offensés* (1).

J'ai eu souvent occasion d'observer des plaies pénétrantes de poitrine sans aucune lésion des parties
internes; il peut alors arriver ou que les vaisseaux
intercostaux soient blessés, il y a alors un écoulement
de sang abondant qui s'amasse dans la cavité thora-

---

(1) Observation volée par J.-B. Lamzweerde (*op. cit.,* obs. 20,
p. 245).

cique, ou bien ces vaisseaux sont intacts, et partant il n'y a pas d'hémorrhagie. Il faut maintenir ouvertes les blessures du premier genre, et c'est ce que conseillent tous les auteurs. Mais, s'il n'y a pas d'hémorrhagie ni aucun des signes qui indiquent un épanchement de sang, c'est-à-dire la fièvre, la toux fréquente, la pesanteur sur le diaphragme, et autres de même sorte, je mets dans l'ouverture de la plaie une tente très-courte, enduite de blanc d'œuf, par-dessus une compresse imbibée du même liquide, avec du bol d'Arménie et du sang-dragon; enfin j'exerce sur la partie blessée une légère compression à l'aide d'un bandage. Le lendemain, je retire entièrement la tente, et je panse avec du cérat de céruse. Je guéris ainsi mes malades en sept ou huit jours. Je guéris de même les plaies de poitrine qui ne vont pas au delà des muscles, eussent-elles une palme d'étendue.

OBSERVATION XLII. — *Attaque d'épilepsie, chez un malade qui n'y avait jamais été sujet, à la suite d'une plaie de poitrine entre la quatrième et la cinquième côte; nouvel accès à la suite de l'introduction d'une tente* (1).

Dans un duel à l'épée entre deux étudiants, l'un d'eux, de la famille Curti, fut blessé à la poitrine, entre la quatrième et la cinquième côte. Il tomba

_____

(1) Observation volée par J.-B. Lamzweerde (*op. cit.,* obs. 14, p. 240).

à terre atteint d'un accès d'épilepsie, avec écume à
la bouche et mouvements convulsifs. Il fut porté chez
lui comme mort, bien que le pouls fût bon. Comme
un barbier avait déjà pansé la plaie, je le laissai dans
le même état. L'accident était arrivé le matin ; ayant
été appelé de nouveau le soir, je le trouvai ayant recouvré le sentiment et le mouvement. Le lendemain,
il jouissait de toutes ses facultés. Je fis le pansement ;
tandis que j'introduisais une sonde, je vis le malade,
qui se plaignait d'une vive douleur, pris d'une légère
convulsion, semblable à une attaque d'épilepsie. Je
me hâtai donc de retirer ma sonde, et je me gardai
bien de mettre dans la plaie une tente, ce qu'avait
fait le barbier. Je me bornai à mettre sur la plaie de
la charpie enduite de digestif rosat, et par-dessus du
cérat de céruse, et ce le troisième jour ; le quatrième,
j'appliquai le même cérat. En neuf jours, le malade
fut complétement guéri ; comme, à ce qu'il me rap-
porta, il n'avait jamais eu d'attaques d'épilepsie, je
crus devoir rapporter cet accident à la plaie, et sans
doute à la blessure du nerf intercostal. Il est encore
à Venise parfaitement portant.

OBSERVATION XLIII. — *Que le pus amassé dans la
cavité thoracique à la suite des plaies de la partie supérieure de la poitrine est parfois évacué par les selles,
les malades étant rétablis immédiatement après.*

Chacun sait que les plaies pénétrantes de la partie
supérieure de la poitrine, de telle sorte que la matière purulente qui s'amasse dans cette cavité ne

puisse pas être facilement évacuée, amènent l'empyème ; aussi la plupart de ceux à qui j'ai pratiqué
l'incision entre la cinquième et la sixième côte ont
guéri à la suite de l'évacuation du pus. Mais il est
digne de remarque que parfois cette matière purulente est expulsée par les selles, sans qu'il soit nécessaire d'en venir à l'incision ; Hippocrate (*de Morbis*)
l'avait déjà remarqué. Je n'ai pu expliquer anatomi-
quement comment se fait ce passage ; aussi quelques-
uns ont-ils cru que ce n'était pas du pus, mais bien
plutôt une matière chyleuse, et ont par conséquent
cru devoir agir sur l'estomac par leurs remèdes. J'ai
remarqué aussi que toutes les fois que cette matière
est rapidement expulsée, c'est-à-dire dans l'espace
d'un jour au plus, les malades se rétablissent aussitôt,
l'écoulement de matière par la plaie s'arrêtant, et en
même temps, ce qui est remarquable, la fièvre cessant ; tandis que la fièvre est continue, si le pus stagne
dans la cavité thoracique. Si même les malades sont
exempts de fièvre, c'est un signe pathognomonique
qui indique qu'il n'y a pas de sanie dans le thorax, et
qu'on peut fermer aussitôt la plaie ; tandis que si cette
matière s'écoule peu à peu, tous succombent, parce
que, tandis qu'elle transsude petit à petit, les parties
internes s'ulcèrent, il se fait une accumulation de pus,
les ulcères, la fièvre, augmentent, et la vie est mise en
danger. Ceux qui ont à traiter de semblables blessures doivent donc faire en sorte de provoquer le plus
vite possible, à l'aide de médicaments, l'évacuation
du pus, si elle ne se fait pas d'elle-même en peu de

temps. C'est pour cela que j'emploie ou l'eau d'orge, ou l'hydromel, qui détergent peu à peu et aident la nature à accomplir cette évacuation. C'est un secours dont n'ont pas besoin les gens robustes, qui, en peu de jours, se débarrassent de toute la matière purulente et sont guéris, à moins que cette évacuation ne traîne en longueur, ce qui amène la mort. Je ne parle pas du moyen de guérir les plaies de poitrine ; les auteurs en ont assez parlé.

OBSERVATION XLIV. — *Empyème survenu à la suite d'une pleurésie, contre lequel des médecins d'un grand renom avaient employé en vain des médicaments externes, guéri par l'ouverture entre la cinquième et la sixième côte.*

Il me faut parler maintenant de ce que j'ai observé dans les cas d'empyème. Un gentilhomme de Padoue, dont la pleurésie n'avait pas été expurgée, fut atteint d'empyème. Il y avait dans la cavité thoracique une quantité de pus telle, que deux ou trois fois par jour le malade tombait en des défaillances qui approchaient de la syncope. J'avais décidé de pratiquer la paracentèse ; mais son père, qui n'y consentait pas, manda les principaux médecins de cette ville, parmi lesquels J. Vesling, que j'ai eu autrefois comme élève dans ma pratique, et quelques autres dont je ne cite pas les noms, parce que le fait est assez connu à Padoue. Nous nous réunîmes en consultation ; je proposai l'ouverture du thorax entre la cinquième et la sixième côte, opération recommandée par tous les auteurs, et qui, dans ma propre pratique, m'a le plus souvent donné des résultats heureux. Elle fut rejetée par un médecin, entre autres, qui prescrivit, pour y suppléer, d'appliquer un cataplasme sur la poitrine, espérant, à l'aide de ce moyen, amener la résolution de la matière purulente. Vesling, bien que j'eusse pratiqué souvent avec succès cette opération en sa présence, se rangea à l'opinion de ce médecin, et condamna la paracentèse, dans la crainte que les vaisseaux intercostaux ne fussent lésés. Je fus étonné de ce sentiment, et des raisons qu'ils donnaient; et le lendemain, je fis l'ouverture du thorax, entre la cinquième et la sixième côte, puis j'introduisis une tente assez épaisse, pour maintenir béante l'ouverture; je la retirai le soir, et vis en même temps 3 livres de pus, et plus, s'écouler. Ce jeune gentilhomme fut alors délivré de ses défaillances. Pour mener l'affaire à bonne fin, je me conduisis comme s'il se fût agi d'une plaie de poitrine, retirant tous les jours une certaine quantité de pus; je mis dans la plaie, peu de jours après, une canule de plomb, par laquelle toute la sanie fut vidée. Enfin, ayant retiré la canule, je vis la plaie complétement cicatrisée au bout de vingt jours.

OBSERVATION XLV. — *Plaie pénétrante de poitrine dirigée de haut en bas, fermée mal à propos pendant vingt jours; par suite, fièvre, émaciation, délire, causés par la rétention du pus. Disparition de tous ces symptômes, et guérison du malade, une fois qu'on eut*

donné issue à la matière purulente. Peau devenue ru-
gueuse et couverte d'écailles comme celle des poissons.
On fait remarquer la faute dans laquelle tombent les
chirurgiens peu instruits qui ferment intempestive-
ment, à l'aide de leurs eaux balsamiques, les plaies de
poitrine, sans les avoir explorées.

Un homme reçut une blessure qui pénétrait dans
le thorax et à la partie déclive de cette cavité. Des
chirurgiens de Trévise, je ne sais si ce fut par ignorance ou par inattention, l'entretinrent fermée pendant vingt jours, sans s'inquiéter de savoir jusqu'à
quelle profondeur elle allait. Une grande quantité
de pus s'accumula dans le thorax ; le blessé fut pris
de fièvre continue, d'émaciation de tout le corps, de
congestion de la face et de délire ; il disait, dans son
délire, qu'il lui fallait deux fonticules, pour chasser
la matière : ce qui n'était pas absolument déraisonnable, bien qu'il ne se doutât pas du siége de l'accumulation du pus, puisqu'il voulait qu'on lui établît
deux cautères aux bras. On l'amena à Padoue. Je
m'enquis avec soin de tout ce qui s'était passé, et j'acquis la conviction que la poitrine était remplie de
pus. L'expérience me prouva que j'avais raison ; car,
ayant introduit une sonde, puis une tente dans la
plaie, je retirai le lendemain une pleine fiole de pus :
alors le délire et la fièvre cessèrent. Mais ce qu'il y a
de remarquable, c'est que le corps entier du malade,
devenu sec et rugueux, se recouvrit d'écailles, comme
celles des poissons ; je rendis témoins de ce fait singulier l'illustre Dominique Sala et un grand nombre

d'étudiants. Ce qui est digne d'attention aussi, c'est que ce malade émacié, et qui, de l'avis de tous, était voué à une mort prochaine, se rétablit parfaitement en deux mois, le pus ayant été évacué au moyen de la canule de plomb que je plaçai dans la plaie, et les injections que recommandent les auteurs ayant été faites. Il vécut un grand nombre d'années encore en bonne santé.

De pareils exemples ne sont pas rares, et il n'arrive que trop souvent que des chirurgiens ignorants ferment, avec leurs baumes et leurs eaux balsamiques, la partie extérieure de la plaie, laissant pendant ce temps la cavité pleine de pus, ce qui fait que les malades meurent d'empyème. Il faut donc considérer aussi comme des gens qui n'entendent rien aux préceptes de l'art, comme des empiriques et des charlatans, ceux qui, se jouant sur les places publiques de la crédulité du peuple, lorsqu'il se trouve quelque blessure, la montrent le lendemain fermée à l'aide de leurs médicaments balsamiques, qui ne valent rien, parce qu'il n'y a guère eu que la peau de coupée, et qu'elle se cicatrise par l'effet du bandage, de la compression, et surtout par les efforts de la nature; car l'expérience m'a démontré que les plaies extérieures, et surtout celles qui sont étroites, se guérissent par les seuls efforts de la nature, et sans qu'on ait besoin d'aucun médicament, en se contentant d'y mettre du blanc d'œuf, en trois ou quatre jours. Et cependant le vulgaire ignorant considère ces empiriques comme des dieux, accourt auprès d'eux, en voyant fermées ces plaies; et ces médicastres, trompés par leur propre ignorance, attribuent aux écarts de régime des malades tout le mal qui peut arriver; et se déchargent ainsi de toute responsabilité, bien qu'ils fassent souvent des victimes (1).

OBSERVATION XLVI. — *Plaie à la partie supérieure du thorax, à la suite de laquelle survint un épanchement considérable de pus, qui fut vidé par la paracentèse faite entre la cinquième et la sixième côte, et en même temps par la bouche et les urines, en un jour.*

Le fils d'un écrivain de la maison Agiaci fut blessé à la partie supérieure de la poitrine. La plaie pénétrait dans la cavité thoracique, et, le pus s'écoulant difficilement, il se fit un épanchement considérable. Je résolus de pratiquer la paracentèse entre la cinquième et la sixième côte du côté de la plaie; je plaçai ensuite une tente, comme je l'ai dit plus haut, et, en la retirant le jour suivant, je donnai issue à 2 livres de pus. Mais ce qui est digne de remarque, c'est que le pus s'écoula non-seulement par la plaie, mais encore et en grande quantité par la bouche; qu'il en

---

(1) Il est à regretter que P. de Marchettis se soit trop souvent écarté de la doctrine qu'il exprime sur le traitement des plaies, et que tout en reconnaissant, comme il le dit ici, que les plaies guérissent surtout par les efforts de la nature, il ait cru devoir sacrifier aux sarcotiques, aux épulotiques, etc. C'est que par un singulier effet de la faiblesse humaine, il arrive souvent qu'on raisonne d'une façon et qu'on agit d'une autre.

sortit aussi plus d'une livre avec les urines, en un jour. Bien que toutes ces voies soient ouvertes, elles ne servent pas d'habitude à cette excrétion, surtout lorsqu'on a fait l'ouverture du thorax, qui ouvre un large passage. Mais, le malade étant un robuste jeune homme de 18 ans, la nature mit à son service ses voies accoutumées; il fut guéri en un mois, et est encore aujourd'hui bien portant.

Quelques-uns se sont demandé comment il se fait que la matière purulente qui pèse sur le diaphragme n'empêche pas la respiration, puisque d'après Galien il est l'instrument de la respiration : ils avaient vu en effet un gentilhomme de Bellune, qui avait une fistule thoracique entre la sixième et la septième côte, et qui respirait sans difficulté. Je fus appelé en consultation, dans le cas présent, avec des praticiens très-distingués de cette ville, qui niaient qu'il pût y avoir une grande quantité de pus dans la cavité thoracique, se fondant sur ce que la respiration du malade n'était pas pénible ; je combattis avec force leur opinion, et soutins qu'il y avait épanchement de pus. J'introduisis en conséquence le soir dans la fistule une tente assez longue et assez épaisse, et convoquai pour le lendemain matin un certain nombre d'étudiants qui avaient assisté à la consultation. Le lendemain matin, comme je retirais la tente en leur présence, il s'écoula plus d'une livre de pus si fétide, que les assistants n'y purent tenir et furent forcés de se retirer. Le pus qui s'était amassé là provenait d'une tumeur de la poitrine, dont le malade avait été atteint

six mois auparavant, et qui avait laissé après elle la
fistule dont j'ai parlé. D'où il résulte que toutes les
fois que les poumons ne sont pas en contact avec le
pus, même quand le diaphragme est en mouvement,
il n'y a pas de troubles de la respiration. Si l'on me
demande maintenant comment on peut reconnaître
qu'il y a du pus dans la cavité thoracique, dans les
cas où il n'y a pas de dyspnée, je répondrai qu'il faut
faire attention à ceci : que toutes les fois qu'il y a dans
la poitrine une certaine quantité de pus, si faible
qu'elle soit, il y a en même temps de la fièvre, et que
c'est un signe pathognomonique à ajouter à ceux que
les auteurs ont déjà indiqués. C'est pour cela que j'ai
averti plus haut, qu'on ne doit jamais tenter de cicatriser les plaies de poitrine avant d'avoir vu les malades sans fièvre pendant quelques jours. Il faut savoir en outre que tant que la matière purulente
accumulée dans la cavité thoracique au-dessus du
diaphragme ne dépasse pas par son niveau les racines
des poumons, elle ne peut être chassée par la toux,
parce que les poumons ne peuvent pas la recevoir si
elle n'y touche pas. Pour en revenir à notre gentilhomme, il n'avait pas seulement une fistule thoracique ; il avait encore deux côtes gâtées, qu'il fallut
ruginer, sans parler des autres remèdes. Comme ses
affaires ne lui permettaient pas de demeurer plus
longtemps en notre ville, il partit avant d'être parfaitement rétabli. Je lui prescrivis, pendant le peu
de temps que j'eus à le soigner, des injections de vin
mêlé avec du miel, et des eaux thermales sulfureuses ;

ce qu'il y eut de singulier, c'est qu'aussitôt intro-
duites, on les reconnaissait dans le produit de l'expec-
toration, et que le vin injecté, surtout mélangé avec
quelques médicaments, était aussitôt rejeté avec
force. Donc, non-seulement les poumons, dont la
substance est peu serrée, mais encore toutes les parties de notre corps, ont des porosités, par lesquelles
non-seulement les matériaux excrémentitiels ordi-
naires, mais encore les matières sanieuses, sont éli-
minés ; c'est ce qui existe dans les plaies de poitrine,
dans lesquelles il peut arriver que le pus s'écoule non-
seulement par toutes les voies connues, mais même
par l'intestin.

OBSERVATION XLVII. — *Fistule survenue à la suite
d'une plaie de poitrine, gagnant au bout de quelques
mois l'enveloppe du cœur, et consumant sa substance
jusqu'aux fibres internes.*

Une fistule étant survenue au niveau de la quatrième côte du côté gauche, à la suite d'une blessure
de la région sternale, chez un habitant de Vérone,
il en souffrait depuis quelques mois, lorsqu'il réclama
mes soins. L'ayant d'abord purgé, bien que je n'eusse
aucun espoir, à cause de son émaciation, de la fièvre,
et de la dépression des forces, j'introduisis une tente,
je donnai issue à une grande quantité de pus ; mais
le malade mourut dans une syncope, quelques jours
après.

Je fis l'ouverture du corps, et je trouvai l'enveloppe
et presque toute la substance du cœur jusqu'à ses

fibres internes détruites par un ulcère. Peut-on accorder cela avec l'opinion d'Aristote (*de Part. animal.*, lib. III, cap. 4), que jamais le cœur n'est gravement altéré? Et ce malade n'a-t-il pas vécu jusqu'au moment où l'ulcère et la fistule eurent pénétré dans la cavité, c'est-à-dire dans le ventricule gauche du cœur?

OBSERVATION XLVIII. — *Anévrysme de l'aorte au-dessous du cœur; épanchement de sang dans le poumon droit. Mort par suffocation.*

Le R. P. franciscain Bettoti, professeur de métaphysique de notre Université, âgé de 56 ans, sentait, depuis dix ou douze ans, des pulsations extraordinaires dans la partie thoracique gauche et dans le point où le choc du cœur se fait le plus fortement sentir. Les gens qui n'entendent rien à l'anatomie avaient cru qu'il s'agissait de palpitations. Je fus mandé, et je pensai que le malade était affecté d'un anévrysme; on employa beaucoup de remèdes en vain, et il mourut une nuit étouffé.

A l'ouverture du corps, je trouvai la cavité droite de la poitrine pleine de sang; au-dessus surnageait une grande quantité de sérum; le tissu du poumon droit était détruit, et il ne restait que sa membrane, comme un sac, laquelle ayant été disséquée, je trouvai la membrane interne de l'aorte qui d'abord s'était distendue, mais qui plus tard, et lorsqu'il n'était plus possible qu'elle cédât, s'était rompue. C'était donc un anévrysme de l'aorte en dehors du cœur, et seulement à deux travers de doigt de cet organe ; le sang qui sortait du ventricule gauche, par sa vigoureuse impulsion rompit d'abord en ce point la membrane interne de l'artère, l'externe étant dilatée ; puis, ne trouvant pas d'autre espace vide, il se fit un chemin dans le poumon droit, dont il détruisit la substance par sa chaleur, le mouvement dont il était animé, et la compression qu'il exerçait.

OBSERVATION XLIX. — *Dyspnée et douleur dans les hypochondres causées par un cœur trop vaste et intimement uni au diaphragme et à la plèvre.*

Un Vénitien de 40 ans, d'un tempérament chaud et humide, adonné à la débauche, se plaignait de dyspnée et de gêne dans les hypochondres ; après avoir en vain mis en usage quantité de remèdes, il vint à Padoue, où il mourut subitement dans la nuit qui suivit son arrivée.

A l'ouverture du corps, je ne trouvai rien d'extraordinaire dans la région des hypochondres ; mais dans la cavité thoracique il en fut autrement. Le cœur était si développé qu'il en valait trois de grandeur naturelle, les ventricules étaient considérablement dilatés ; il adhérait intimement de tous côtés à son enveloppe, puis aux parties supérieures et latérales de la plèvre ; enfin en bas, au diaphragme, et non-seulement à sa partie membraneuse, mais encore à sa partie charnue. De tout cela on était en droit de conclure que la dyspnée dont nous avons parlé n'était due à rien autre chose qu'à la compression des

poumons et du diaphragme, et que c'était aussi la dilatation du cœur qui avait amené la gêne observée
pendant la vie dans la région des hypochondres.

OBSERVATION L. — *Douleur dans la région de l'estomac, s'accompagnant quelque temps après de vomissements de sang, puis se transformant en un abcès du
fond de l'estomac, soignée d'abord en vain, puis enfin
complétement guérie.*

J'ai donné des soins à une femme qui depuis deux
mois avait eu d'abord des douleurs d'estomac, puis
des vomissements de sang en quantité notable et qui
allait jusqu'à une livre. Ils se calmèrent spontanément
pendant quelques jours, et la malade n'éprouvait
alors aucune douleur. Mais elle récidiva, et pour la
calmer, des médecins très-exercés de Venise adminis-
trèrent à la malade des médicaments par la bouche;
ce fut en vain. Cette femme vint alors à Padoue, et
j'entrepris la cure à l'hôpital Saint-François. Je la sai-
gnai d'abord du bras, ensuite du pied ; je lui donnai
du miel rosat résolutif. Trois ou quatre jours après
avoir pris ce médicament, la malade vomit environ
2 livres de pus mélangé de sang, qui me prouva qu'il
y avait un abcès au fond de l'estomac; la malade se
plaignait sans cesse de douleurs dans cette région; elle
ne rendit aucune matière par les selles. Je lui prescrivis ensuite, pendant quinze jours, de l'eau d'orge
mêlée avec du miel rosat épuré, ce qui lui fit vomir
trois lambeaux de la tunique interne de l'estomac,
longs et larges de quatre travers de doigt, au grand

étonnement des assistants, et, quelques jours après, une petite quantité de pus sanguinolent. Pour absterger tout cela, je lui donnai, pendant quatre jours, de l'eau de Tettucio (1) avec du miel rosat résolutif ; puis des bols composés de sucre rosat antique, de poudre de bol d'Arménie oriental et d'hématite, et, une demiheure après, 5 onces de décoction de plantain, de polygonium, de balaustes et d'hypocyste. En deux mois, la malade fut complétement rétablie et est encore bien portante.

OBSERVATION LI. — *Plaie pénétrante de l'abdomen avec issue de l'épiploon, lequel ayant été coupé sans être lié, bien qu'il ne fût pas entièrement corrompu, donna lieu à une hémorrhagie ; et le sang, descendant en grande quantité dans l'aine du même côté, y amena un abcès, qui fut incisé, donna beaucoup de pus, et fut enfin parfaitement guéri par les remèdes appropriés.*

J'ai vu un cordonnier qui avait une plaie pénétrante de l'abdomen avec issue de l'épiploon ; bien que celui-ci ne fût pas entièrement corrompu et pris de gan-

---

(1) Voici ce que dit Andr. Baccius (*de Thermis;* Venet., 1571, in-fol., p. 285) de ces eaux : «Castellum montis Catini, quod «confine est Pistorio in Hetruria oppido, quibusdam aquis ce- «lebratur, quas Salmacidas a sapore cognominant, et tam potu «quam balneo utiles... Sunt autem duæ scatebræ : primi vero «meriti, maxime in potibus est Salmacida, quæ vulgo a Tettu- «cio cognominatur; altera quæ Balneoli est, minus salsa, ac in «potu minus purgando efficax.»

grène, un barbier l'avait coupé, et cela sans le lier, de telle sorte que, l'ayant une fois remis à sa place, le sang se mit à sourdre d'une façon continuelle des veinules, et, s'écoulant dans l'aine du même côté, où il s'amassait, y produisit, vingt jours après, un grand abcès. Ayant été mandé, j'incisai l'abcès et prescrivis au barbier de mettre une tente à demeure jusqu'à ce que toute la matière fût épuisée; il était convenu qu'on raccourcirait peu à peu cette tente et qu'on finirait par l'enlever jusqu'à ce que la cicatrisation fût parfaite, comme cela se fait d'habitude. Il faut remarquer ici, et cela de l'avis de tous les auteurs, qu'il ne faut pas couper l'épiploon s'il n'est lié au préalable, parce que, si on le laisse dans la plaie, la nature le chasse sans aucun inconvénient. C'est un principe que je recommande aux barbiers (1).

---

(1) Avec son exactitude ordinaire, Portal rend compte de cette observation en ces termes : «Cet auteur (P. de Marchettis) nous a appris qu'on pouvait couper impunément l'épiploon et le rentrer dans la cavité du bas-ventre sans faire de ligature; cette méthode est encore en usage parmi nous» (*opere et loc. cit.*).

Cf. une observation de Verdier (*Mém. de l'Acad. de chir.*, éd. de l'*Encycl. des sciences méd.*, t. II, p. 104) : il fait remarquer que l'abcès dont parle P. de Marchettis peut être considéré avec plus de raison comme l'effet de la suppuration ou de la fonte de la partie altérée de l'épiploon, que comme celui de l'épanchement sanguin auquel cet auteur l'attribue, car il est rare de voir des épanchements de cette espèce y produire des abcès. C'est aussi l'avis d'Arnaud (*Mém. de chir.*; Londres, 1768, in-4°, 2e part., p. 670).

OBSERVATION LII. — *Les tumeurs suppurées du foie peuvent être ouvertes en toute sûreté, surtout en sa partie convexe; dans sa partie concave, elles peuvent être expurgées par les urines, comme il arriva à une jeune fille qui, étant atteinte d'une affection de cette nature, et ayant rendu par les urines une grande quantité de pus, fut guérie* (1).

Des tumeurs qui surviennent au foie, les unes restent à l'état de crudité, les autres suppurent, et, comme le foie est peu sensible et qu'il reçoit seulement quelques petits nerfs à sa partie convexe, il n'est pas facile de distinguer ces tumeurs les unes des autres, si ce n'est avec le temps ; alors en effet celles qui suppurent s'élèvent en pointe, surtout à sa face convexe, et réclament l'incision, sans qu'il y ait rien à craindre pour la vie. C'est ce que l'expérience m'a démontré, bien qu'en pareil cas, j'aie dû inciser les téguments, les muscles et le péritoine. Si la tumeur est profondément placée à la face concave du foie, elle peut se vider par les urines, comme je l'ai observé chez une jeune religieuse de Sainte-Anne, de la maison Buzzacarini, qui fut délivrée d'une pareille tumeur après avoir rendu par les urines une grande quantité de pus ; il lui demeura cependant une douleur quelquefois assez violente dans la région du foie, avec fièvre. Une seule saignée, pratiquée à la veine

----

(1) Observation volée par J.-B. Lamzweerde (*op. cit.,* obs. 22, p. 246).

basilique (1), du côté droit, suffit pour la guérir. Il n'en est pas de même pour les tumeurs de la face convexe du foie; car, quand on les a une fois incisées, il faut y mettre une tente enduite de blanc d'œuf ; il faut ensuite se servir de digestifs, comme dans les plaies de cette partie, puis de sarcotiques, et enfin obtenir la cicatrisation avec les épulotiques, ayant pris soin auparavant que toute la matière purulente soit évacuée à l'aide des tentes et des canules de plomb, qui servent à la faire sortir plus promptement et plus commodément. J'ai guéri ainsi beaucoup de malades, dont quelques-uns sont encore maintenant en parfaite santé.

OBSERVATION LIII. — *Fistule ombilicale s'étendant jusqu'aux intestins, traitée longtemps en vain, puis guérie heureusement en peu de temps.*

J'ai eu occasion de voir un révérend père théatin qui était atteint d'une fistule à l'ombilic qui allait jusqu'aux intestins, car il se plaignait d'y sentir de la douleur lorsqu'on introduisait une sonde dans la fistule. Je le guéris de la manière suivante : après avoir purgé le corps, je cautérisai l'orifice de la fistule, qui était déjà calleux et induré, et y introduisis, afin que la croûte tombât en même temps que les callosités, une petite tente enduite d'abord de beurre, plus

---

(1) *Vena jecoraria,* dit le texte. Cette dénomination implique la théorie en vertu de laquelle on fit élection de cette veine pour pratiquer la saignée.

tard de digestif; je la retirai, une fois la digestion faite, et je mis de la charpie enduite d'onguent ex betonica, et par-dessus, de cérat diachalciteos. Huit jours après, je ne mis plus de charpie, et me contentai de cérat, qui acheva la cicatrisation. Le malade, qui avait été soigné en vain pendant plusieurs mois par des médecins de Modène, fut guéri en vingt jours.

OBSERVATION LIV. — *Épiplocèle compliquée de sarcocèle, un tissu nouveau s'étant développé sur l'épiploon, enroulé et érodé, de façon à former dans la région de l'aine une protubérance de la longueur d'une palme.*

Un homme d'Este, qui se trouvait à l'hôpital de Padoue, avait une tumeur de la longueur d'une palme, épaisse de deux travers de doigt, qui faisait saillie dans l'aine, là où est le processus du péritoine, représentant assez bien un second membre viril. Je m'enquis auprès du malade de l'origine de son mal, et, comme il niait que ce fût une descente de l'intestin, je crus pouvoir conclure des renseignements qu'il me donna que c'était l'épiploon enroulé. Il avait été, en effet, atteint auparavant d'un bubonocèle, puis d'un abcès qui, s'étant ouvert, laissa échapper l'épiploon. Celui-ci s'était enroulé peu à peu ; comme il était érodé, des bourgeons charnus s'étaient développés entre ses diverses circonvolutions, et avaient pris la forme que j'ai dite. Je le traitai de la manière suivante : après l'avoir purgé au préalable des humeurs trop abondantes, je coupai une partie de cette tumeur, et j'agrandis la plaie jusqu'à ce que l'épiploon entortillé se fût montré au dehors ; deux ou trois jours après, je le retranchai complétement jusqu'aux aines ; j'obtins ensuite la cicatrisation à l'aide des digestifs, puis des dessiccatifs accoutumés. Cet homme est encore actuellement bien portant et délivré de toute incommodité.

OBSERVATION LV. — *Bubonocèle ouvert par un barbier ignorant, qui l'avait pris pour un bubon vénérien ; issue de matières fécales. Guérison prompte.*

Un métayer, qui avait un bubonocèle, alla trouver un barbier ; celui-ci, croyant qu'il s'agissait d'un bubon vénérien, lui dit qu'il fallait l'inciser. En vain le malade jurait ses grands dieux qu'il n'avait eu de rapports avec aucune autre femme que la sienne, qui était honnête et chaste : le barbier soutint opiniâtrément son opinion, dit qu'il fallait absolument en venir à l'incision ; si bien que le malheureux métayer y consentit. Mais elle ne fut pas plutôt faite, que, au grand étonnement du barbier, les matières fécales sortirent avec violence, et le malade tomba en défaillance. Je passais là par hasard ; on m'appela. Je fis rentrer aussitôt avec le doigt l'intestin ; puis je mis du blanc d'œuf avec du sang-dragon, et par-dessus, une compresse pliée en quatre, avec laquelle j'exerçai une compression assez forte pendant quatre jours, au bout desquels, m'étant servi du cérat pour les hernies, de Fabrice d'Aquapendente (1), je vis se réunir en dix jours les parties incisées. Enfin le malade, qui, d'après mon conseil, porta un brayer, vécut de longues années en bonne santé.

OBSERVATION LVI. — *Cinq fistules à la cuisse, à la suite d'un coup d'arquebuse, avec tumeur, carie de l'os, mal traitées, puis guéries quand on eut enlevé les callosités et qu'on se fût servi des remèdes appropriés. Le malade demeura boiteux, parce que les fragments de l'os, trop longtemps abandonnés par l'incurie des médecins qui avaient donné des soins au malade, s'étaient réunis vicieusement, l'un étant placé sur l'autre. Que les anciennes fractures par armes à feu sont incurables.*

J'ai donné des soins à l'illustre Vinc. Gritti, qui avait reçu un coup de feu dans la cuisse, et avait été soigné en vain pendant neuf mois à Venise. Il avait cinq fistules à la cuisse, une tuméfaction considérable, et carie de l'os ; il était en outre émacié à tel point que les os n'étaient recouverts que par la peau, et ses fistules lui donnaient une fièvre continue. Lui ayant demandé quels remèdes on avait employés pour le guérir, il me répondit qu'on ne s'était point servi de tentes, qu'on lui avait mis un certain cérat

---

(1) Voy. les *OEuvres chirurgicales de Fabrice d'Aquapendente*, in-8°, p. 193 ; Lyon, 1729.

et des cataplasmes faits de farine de pois chiches, de thériaque et de vin de mauves ; quant au régime, qu'on lui avait prescrit de se nourrir de pain de son, et au lieu de viande, qu'on lui avait défendue comme étant contraire à la guérison des plaies par arme à feu, de légumes ; qu'on lui avait quelquefois cependant permis de manger un peu de mouton. Cela m'étonna ; car les fistules, de l'avis de tout le monde, ne peuvent être guéries qu'à la condition d'en enlever les callosités ; et celles-ci, dans le cas présent, non-seulement avaient augmenté, mais encore il y avait altération de l'os ; de plus la tuméfaction était devenue, par l'usage des cataplasmes trop chauds et trop desséchants, si dure, qu'on ne pouvait espérer de la résoudre entièrement. J'entrepris cette cure : je prescrivis d'abord au malade, comme régime, de se nourrir de bon pain de froment, de jeunes poulets, de glandes et de cervelle de veau, d'œufs à la coque, de tisane d'orge, de petit vin ; puis, comme pharmacie, je lui donnai de temps en temps une demionce de fleur de casse récente, de temps en temps aussi un clystère ou un suppositoire purgatif. Après ces soins préliminaires, je dilatai les cinq fistules avec des tentes faites de moelle de sorgum, ou bien avec de l'éponge ; et comme la tuméfaction était un empêchement à la cure, j'appliquai sur le membre le cataplasme de Galien (livr. II, à Glaucon), fait de farine de froment, d'eau et d'huile commune, qui amena en très-peu de temps la résolution de la tuméfaction ; de plus, toute la matière qui s'était amassée dans les fistules, comme il arrive d'ordinaire, et convertie en pus, fut expulsée, grâce à leur dilatation. Cela étant fait, j'en arrivai à la rugination de l'os carié, et du même coup à l'attrition des callosités ; comme ces fistules allaient du dehors au dedans de la cuisse, et que quelques-unes, dans leur trajet, communiquaient avec d'autres, j'introduisis un séton de soie enduit d'onguent d'Isis, à l'aide duquel les callosités furent complétement enlevées ; alors j'enlevai avec le fer toute la partie de l'os sous-jacente aux fistules ; puis je retirai les sétons, je diminuai les tentes, je mis en usage les sarcotiques mêlés à une petite quantité d'onguent d'Isis, de peur qu'il ne se formât des chairs trop lâches ou de nouvelles callosités, obstacles nouveaux opposés à la guérison. J'appliquai aussi des éponges sur le fémur imbibées de nos eaux thermales du Mont-aux-Malades (1), et j'établis un bandage médiocrement serré, qui put me permettre d'introduire dans chaque orifice fistuleux une canule de plomb, pour qu'aucune matière purulente ou séreuse ne séjournât au fond des fistules et ne cherchât à s'y ouvrir un nouveau trajet. Enfin, ayant enlevé les canules, et serré plus étroitement le bandage, je mis aux orifices des fistules, pour en obtenir

---

(1) C'est le nom d'une des sources des eaux d'Abano, dans les monts Euganéens, à peu de distance de Padoue ; ces eaux étaient alors très-célèbres. Voy. Baccius, *de Thermis,* in-fol. ; Venet., 1571.

la cicatrisation, de la charpie sèche avec du cérat diachalciteos. Grâce à l'incurie des médecins de Venise qui avaient donné tout d'abord des soins au malade, l'une des extrémités de l'os de la cuisse fracturée s'était réunie à l'autre en chevauchant sur elle ; je ne pus songer à réduire une fracture aussi ancienne : elle datait de neuf mois, d'autant que le malade était, depuis le commencement de la cure, dans une grande faiblesse. D'ailleurs les fractures par armes à feu, même quand le malade est dans un état satisfaisant, guérissent très-difficilement lorsqu'on n'a pas bien fait la coaptation au début ; ce qu'on ne peut même tenter, si les os sont brisés comminutivement, sans mettre la vie en danger. Aussi le gentilhomme dont je parle demeura boiteux.

OBSERVATION LVII. — *Vaste ulcère rongeant de toute la jambe, qui avait été mal traité d'abord, à savoir, par des cautérisations répétées et un trop grand desséchement de l'os, guéri par la rugination et les remèdes appropriés.*

Un gentihomme de Vérone, de la maison Lisca, était atteint d'un vaste ulcère, s'étendant sur toute la jambe, s'accompagnant d'altération de l'os, d'où la moelle sortait. Cet ulcère reconnaissait pour cause, à ce que je crois, le mal vénérien, et je me fonde sur ce que longtemps traité à Vérone, il ne s'était jamais recouvert de cicatrice. Je demandai au malade à quels moyens les médecins dont il avait réclamé les soins avaient eu recours ; il me répondit qu'ils avaient

surtout fait sur l'os de nombreuses cautérisations,
mettant sur les parties molles et sur les bords de l'ulcère des sarcotiques. Tout cela mal à propos, à mon
avis, parce que cela desséchait l'os de telle façon que
l'aliment qui lui était envoyé pour sa nourriture était
consumé et ne pouvait suffire pour la génération de
la chair qui devait se former dessous ; et par conséquent que l'os ne pouvait être éliminé en temps utile,
ni la cicatrisation se faire, ce qui avait échappé aux
médecins dont il s'agit. Ayant donc pesé tout cela,
j'enlevai avec la rugine toutes les parties de l'os gâtées,
et ce qui avait été cautérisé, jusqu'à ce que je visse
sourdre le sang. Je mis ensuite de la charpie sèche,
et sur les parties molles voisines, des sarcotiques.
Au bout de peu de jours l'os fut recouvert et réparé ;
et, à l'aide des épulotiques, la cicatrice se forma en
temps opportun. Il faut donc que ceux qui ont à traiter
de semblables ulcères s'abstiennent des médicaments
très-desséchants et de la cautérisation de l'os, pour
les raisons que j'ai données plus haut ; car leur emploi
empêche l'élimination de l'os, laquelle se fait par les
bourgeons charnus qui se développent sur l'os sain,
et chassent le séquestre. Avis aux chirurgiens, afin
qu'ils ne tombent pas en de semblables erreurs, et
qu'ils n'abandonnent pas comme incurables les ulcères semblables à celui-ci.

OBSERVATION LVIII. — *D'un testicule caché dans
l'aine, chez un enfant de 8 mois, dont on tenta en vain*

d'obtenir la suppuration, croyant avoir affaire à une tumeur d'une autre espèce.

Le fils d'un barbier, enfant de 8 mois, avait une tumeur dans l'aine ; on avait déjà, mais en vain, à l'aide de médicaments divers, essayé de la faire suppurer. Le père étant venu me consulter à ce sujet, je trouvai que cette tumeur n'était autre chose qu'un testicule caché dans l'aine, à telles enseignes que l'autre était dans le scrotum du côté opposé. Je fus donc d'avis qu'il fallait s'abstenir de tous remèdes, puisque ce n'était pas une tumeur, mais le testicule, qui, sept ou huit mois après, descendit peu à peu dans le scrotum. Il n'y eut donc pas lieu d'en venir à l'incision que ce barbier préparait (1).

OBSERVATION LIX. — *A la suite d'une vieille gonorrhée vénérienne, diverses fistules au col de la vessie, près de l'urèthre, avec sortie de l'urine non-seulement de plusieurs points du scrotum, mais encore des aines. Guérison inespérée du malade.*

Cæsar Quaiotus Rhodiginus, étant tombé malade, se mit entre mes mains, après avoir été traité sans résultat par quelques autres médecins. Il avait eu d'abord une gonorrhée vénérienne, qui, à force de

---

(1) Cf. les savantes études de mon ami et collègue Ern. Godard sur la monorchidie et la cryptorchidie chez l'homme, in-8°, avec planches ; Paris, 1857.

temps, avait, par son acrimonie et sa malignité, percé
de part en part le col de la vessie, près de l'urèthre,
de telle façon que l'urine s'écoulait de plusieurs points
du scrotum, et en même temps des aines, par les fistules qui s'y étaient faites. Je déclarai qu'elles seraient
incurables, la gonorrhée persistant encore: et cependant j'en entrepris la cure. Ayant d'abord purgé avec
soin le corps, je fis prendre au malade la décoction
de gaïac et salsepareille, jusqu'à sudation. Puis je
mis en usage des tentes, d'abord très-minces, ensuite
plus épaisses, enduites seulement d'onguent ex betonica, pour dilater les fistules ; je fis alors la section de
celles qui siégeaient dans l'aine, sans dépasser les
téguments, bien que les fistules allassent jusqu'au
col de la vessie. J'introduisis ensuite une tente jusqu'au fond de l'une et de l'autre fistule, et cela sous
les vaisseaux spermatiques qui vont se rendre aux
testicules, vaisseaux dont les fistules suivaient de
chaque côté le trajet ; comme je ne pouvais couper
avec le couteau ce qui restait de ces fistules, sans
léser les vaisseaux qui passent en travers, je les dilatai tous les jours de côté et d'autre, et ayant mis à
découvert les vaisseaux sans les atteindre, je me fis
une voie au-dessous d'eux en agrandissant peu à peu
l'ouverture à coups de ciseaux, puis je mis dans le
trajet fistuleux des bourdonnets de charpie enduits
d'onguent d'Isis et ex betonica mélangés. J'eus
recours à ces moyens pendant plusieurs jours, et je
vis l'urine sortir en moins grande abondance par les
fistules ; la gonorrhée cessa ; je continuai pendant

trois mois, faisant des injections de temps en temps avec de l'eau d'orge et une petite quantité d'égyptiac, pour consumer les chairs baveuses dans certains points, dans quelques autres, les callosités, qui, à la vérité, n'étaient pas très-dures, à cause du passage continuel de l'urine et du liquide gonorrhéique. Je fis en dernier lieu des injections et ordonnai des bains de siége d'eau du Mont-aux-Malades ; et à l'aide de ces moyens, en quatre mois environ, toutes les fistules inguinales et même trois ou quatre fistules scrotales furent guéries, seulement en y mettant des tentes, enduites d'onguent de tuthie et d'onguent d'Isis mélangés ; je les retirai même bientôt, ayant détruit la cause de la gonorrhée et du flux d'urine. Le malade passa plusieurs années après cela en bonne santé. J'avais considéré comme incurable cette maladie que je n'avais jamais observée auparavant, et qu'il ne m'a pas été donné de rencontrer depuis. Mais, comme, de l'avis de tous les médecins, on voit quelquefois en médecine des choses monstrueuses, il ne faut jamais désespérer du salut des malades.

OBSERVATION LX. — *Méat urinaire traité, par une erreur grossière, comme étant une fistule des parties génitales, chez une femme.*

Je fus appelé un jour par un barbier pour traiter une fistule des parties génitales d'une femme. Cet ignorant me montra avec la sonde, au lieu d'une fistule, le méat urinaire, dans lequel il introduisait une tente assez longue, enduite de médicaments corrosifs, dans le but d'enlever les callosités et de guérir la fistule. Je fus étonné de l'ignorance vraiment ridicule de cet homme, et je lui conseillai, en présence de la femme, d'employer pendant deux ou trois jours des tentes très-déliées, enduites d'onguent de céruse camphré, afin de guérir l'excoriation que les médicaments qu'il avait employés avaient produite. Nous nous retirâmes ensemble, et je l'avertis alors que ce qu'il croyait être une fistule n'était rien autre chose que le méat urinaire; sur quoi, m'étant mis à rire, il implora mon pardon, m'avouant qu'il n'avait jamais vu les parties génitales d'une femme, ce qui avait causé son erreur. Que les chirurgiens soient donc avertis qu'ils doivent savoir l'anatomie; car, quand on ne connaît pas les parties du corps humain et leurs maladies, on ne peut appliquer les remèdes à propos.

OBSERVATION LXI. — *Utérus relâché chez une illustre dame qui venait d'accoucher d'une fille, attiré violemment et amené hors des parties génitales par une sage-femme ignorante, parce que le délivre n'était pas sorti; inflammation et gangrène de la matrice, qui furent cause de la mort de la malade.*

Une dame noble, de 20 ans à peu près, était accouchée d'une fille; le délivre n'avait pas paru; la sage-femme, voyant l'utérus quelque peu relâché, le prit pour le placenta, l'attira violemment avec les mains, et l'amena hors de la vulve, non sans faire souffrir horriblement cette noble dame, qui tomba en défaillance. L'utérus, auquel le délivre était demeuré atta-

ché , s'enflamma violemment. Je le graissai d'abord
d'huile rosat, et le fis rentrer peu à peu à moitié
chemin ; puis, ayant fait des onctions avec l'épiploon
gras d'un mouton et du lait, et l'ayant ainsi quelque
peu amolli, au bout de quelques heures , je le re-
poussai entier à sa place, et le délivre sortit de lui-
même, ce qui soulagea la malade. Mais je ne pus
arrêter l'inflammation violente de la matrice, et ne
pus empêcher qu'elle ne se terminât par la gangrène,
qui amena la mort de la malade, bien que je lui eusse
tiré du sang , fait beaucoup d'injections , et mis tout
en œuvre.

Que ceci serve de leçon aux sages-femmes qui
croient tout savoir, bien qu'elles soient très-igno-
rantes. Il vaut mieux qu'elles attendent que le délivre
sorte de lui-même, que de chercher à l'extraire de
force, ou, comme il arriva dans ce cas, que d'arracher l'utérus et tuer ainsi les malades (1).

OBSERVATION LXII. — *Pouce enlevé dans l'articu-*
lation de la dernière phalange, avec arrachement du
tendon du muscle fléchisseur, par la morsure d'un
cheval rétif ; guérison (2).

Le palefrenier de l'illustre et excellent Oct. Malipieri, prêteur de Padoue, homme bien musclé, d'une

---

(1) Voy. la thèse d'Aug. Bérard, *du Diagnostic dans les ma-*
ladies chirurgicales ; Paris, 1837.

(2) On se rappelle que cette observation a paru séparément.

trentaine d'années, bridait un cheval rétif, l'an 1654, lorsque celui-ci, se cabrant et tournant brusquement la tête, lui saisit si fortement le pouce avec les dents, qu'il arracha la dernière phalange et en même temps le tendon entier du muscle fléchisseur. C'est ce que Galien appelle *apospasma* (1). Ayant été appelé auprès du malade, j'arrêtai d'abord le sang avec un premier appareil composé de plumasseaux imbibés de blanc d'œuf, pour me conformer au principe d'Avicenne : que les plaies ont toutes cela de commun, qu'il faut arrêter l'écoulement du sang. Puis j'appliquai un bandage peu serré sur la partie, de peur que la constriction trop forte n'amenât de la douleur et de l'inflammation ; pour empêcher l'afflux sanguin, je garnis le bras d'un défensif composé de bol d'Arménie, de sang-dragon, de terre sigillée, de cire, d'huile rosat et de vinaigre ; et pour que le sang épanché en cet endroit du muscle, qui auparavant recevait le tendon, ne vînt pas à s'altérer et à amener un abcès, je fis sur l'avant-bras des onctions avec l'huile rosat omphacine, pour barrer le

---

(1) «Apospasma nominatur, si partium organicarum et com-
«positarum unitas solvatur et quæ diversi generis contra com-
«munem ordinem inter se compacta sint, atque coaluerint, dis-
«jungantur, divisis et abruptis ligamentis, filamentisque illis
«fibrosis, quibus conjungebantur : ut cum cutis a membrana,
«membrana a musculis, musculus a musculo, atque omnino
«partes, quæ prorsus inter se cohærebant disjungantur» (S.-
Blancardi, *Lexicon medicum;* Lugd. Bat., 1717, in-8°).

passage aux humeurs qui auraient pu se porter vers la partie affectée. Le lendemain, ayant enlevé le premier appareil, je remarquai que l'os et les tendons faisaient saillie ; je mis alors dessus de la charpie sèche, jusqu'à ce que s'étant en partie desséchés, ils furent cachés sous la chair qui commençait à croître. Je tentai alors de faire suppurer cette chair, meurtrie par la morsure, suivant le conseil que donne Hippocrate, livre *des Ulcères,* en ces termes : Toute chair qui a été meurtrie et déchirée doit être au plus tôt amenée à suppuration. C'est à quoi j'arrive avec le digestif, non pas le digestif commun, qui est plus émollient qu'il ne convient, mais le digestif rosat, qui se compose de térébenthine, d'eau de rose lavée, d'huile rosat et de cire ; mettant par-dessus un liniment simple composé d'onguent de solanum, réfrigérant de Galien, et de céruse camphré.

Le même jour, je fis, pour la révulsion, une saignée d'une livre environ à la basilique du côté opposé, suivant le précepte d'Avicenne, qu'il faut dans les plaies empêcher surtout la formation d'un abcès ; je lui avais auparavant fait donner un lavement. Le troisième jour, je lui donnai un purgatif doux, fait avec le sirop et le miel rosat laxatifs, en même temps qu'une décoction cordiale ; je continuai jusqu'au septième jour le défensif, les onctions et le digestif. A partir de ce moment, je mis de côté l'huile rosat omphacine, et j'employai à la place l'oleum rosatum lumbricatum, pour adoucir les nerfs qui parcourent les muscles de l'avant-bras.

La digestion étant faite, je me servis d'onguent ex betonica, pour déterger et favoriser la production de la chair nouvelle, mettant sur la partie du cérat diachalciteos de Galien, pour dessécher les excréments légers et avancer la génération de la chair; enfin, pour amener la formation de la cicatrice, j'employai l'onguent de tuthie et par-dessus le cérat diapalme. Comme, vers le vingtième jour, les bourgeons charnus exubérants retardaient la cicatrisation, pour les réprimer je mêlai à deux tiers d'onguent de tuthie un tiers d'onguent d'Isis. Jusqu'au quatorzième jour, je prescrivis une nourriture légère, des œufs et des panades; pas de viande ni de vin; pour boisson, de l'eau d'orge. Grâce à l'emploi de tous ces moyens, le malade fut si bien remis, que pendant toute la durée de la cure, il n'éprouva aucun des accidents qui surviennent en pareil cas; il n'eut pas même de fièvre (1).

---

(1) Il y a dans plusieurs éditions de P. de Marchettis une figure représentant la partie arrachée; l'éditeur de 1675, qui n'a pas reproduit cette figure, a conservé la phrase qui l'annonce. J'ai cru pouvoir supprimer l'une et l'autre.

Cf. in *Mém. de l'Acad. de chirurgie* (éd. de l'*Encycl.*, t. I, p. 484) l'obs. de Recolin et quelques autres faits semblables. Morand, qui a recueilli ces faits, ajoute: «Si l'on se rappelle les notions anatomiques, elles nous font voir que la disposition de ces tendons est telle, qu'elle semble favoriser l'arrachement du muscle, ou en partie, ou même jusque dans son principe.» Il insiste sur l'innocuité de ces plaies, et ajoute: «Marchettis paraît avoir craint essentiellement, à l'occasion de la blessure dont il

Observation LXIII. — *Que les nerfs et les tendons blessés ne doivent pas être réunis par la suture, contre l'opinion de M.-A. Séverin. Cas de mort survenue à la suite de la piqûre d'un tendon faite en saignant la veine basilique.*

On ne doit pas pratiquer de suture sur les nerfs et les tendons, comme le recommande à tort M.-A. Séverin, lib. II, chap. 123, de la *Chirurgie efficace* (1).

---

donne l'observation, quelque abcès par amas de sang dans l'espace vide qu'occupait le muscle, et cette crainte n'est point absolument déraisonnable; cependant cela n'est arrivé ni à son blessé ni à ceux dont j'ai rapporté l'histoire.»

(1) M.-A. Séverin (*de Efficaci medicina ;* Francof. ad Mœnum, 1682; in-fol., lib. I, part. II, ch. 123, *de Nervi præscisi sutura facienda,* p. 117) préconise la suture des tendons contre l'autorité de Galien; il cite aussi A. Paré, mais de façon à faire croire, comme le fait remarquer P. de Marchettis, qu'il ne l'a pas compris.

Voici le passage (Stalpart Van der Wiel l'a copié textuellement, et est par conséquent tombé dans la même faute (voy. *Obs. rares,* t. II, p. 438, tr. fr.; Paris, 1758, in-12):

«Neque illud obstat, quod minime revelatur particula pro-«pterea, quod inductus ulceri porus transitum prohibet spiritus, «neque motus vendicatur, porro in pueris servatur functio feli-«citer, in adultis vero etiamsi non æque id eveniat, tamen quo «maxime sunt coalitæ nervi partes maxime participare possunt «spiritus illustrationi atque aliis naturæ muneribus, præter-«quam quod magis compositæ restant contiguæ particulæ. «Confirmatur autem experimento Ambr. Paræi, qui, lib. XXII, « c. 10 (et en marge : Præscisi tendines pollicis plene coaliti), «compertum a se testatus est nobili cuidam e familia Memo-

D'abord, parce que cela est en désaccord avec la méthode de Galien qu'il n'a pas comprise ; en effet, dans le passage que cite M.-A. Séverin, non-seulement il a écrit qu'on ne devait pas réunir par la suture les nerfs, quoiqu'ils soient plus nobles que les tendons, à cause des esprits qui les parcourent, mais il ajoute de plus qu'il n'a jamais osé y faire de suture. Quant à moi, j'ai vu des sutures de tendons ou de nerfs, faites imprudemment par des barbiers, être suivies de convulsions et de la mort des malades. On ne doit donc pas accepter, mais bien plutôt condamner cette doctrine de M.-A. Séverin, comme étant opposée et à l'autorité de Galien et aux résultats de l'expérience. C'est en vain qu'il s'efforce de prendre pour garant de son opinion Paré, liv. XXII, chap. 10, de sa *Grande chirurgie,* où il parle d'un gentilhomme qui, ayant eu les nerfs de la main coupés, recouvra le mouvement par le moyen d'un doigtier ; car il n'y a rien de tel, et ce n'est pas là le sens des paroles de ce chirurgien, qui s'exprime ainsi (1) :

«rantii, Gallorum equitum magistro tendines, qui pollicem eri-
«gentes plane præsectos in bello sicut desperato coalitu præ-
«scindendos semel vir strenuus quæsisset ; nihilominus con-
«glutinatos ita, ut tractandorum militarium armorum facultas
«homini nil immutata restituta fuerit.»

(1) Portal a fait, au sujet de cette partie de l'ouvrage de P. de Marchettis, un roman qui fait le plus grand honneur à son imagination. Après avoir dit *(op. cit.)* que plusieurs observations de P. de Marchettis roulent sur les plaies du cerveau avec dé-

XVIIe liv., *d'Adiouster ce qui défaut.*

---

perdition de substance, sans qu'il y ait eu d'accident notable, il ajoute : « Marchettis a poussé ses recherches plus loin : il nous a appris que, dans le traitement des plaies, rien n'était plus pernicieux que de faire des sutures aux tendons et aux nerfs. Pour donner plus de poids à sa méthode, cet auteur a recours à l'observation ; il en rapporte une qu'il a faite sur un militaire de la maison de Montmorency, dangereusement blessé à la main droite (obs. 33). Il a aussi traité une plaie de la langue, sans recourir aux sutures. Ces observations confirment la validité de sa méthode. Ces faits méritent la plus grande attention de ceux qui exercent la chirurgie. Voy. à ce sujet l'article *Pibrac.* »

Il serait déplorable que le savant commentaire de Portal fût perdu pour la postérité ; je veux lui donner plus de prix, si je peux, en y ajoutant quelques réflexions. D'abord je ne comprends pas comment Marchettis a poussé ses recherches plus loin, en nous apprenant qu'il ne fallait pas de sutures aux tendons, après avoir parlé de plaies avec perte de substance du cerveau ; mais passons. L'observation que, d'après Portal, Pierre de Marchettis a faite pour donner plus de poids à sa méthode, appartient à Ambr. Paré. P. de Marchettis et M.-A. Séverin la rapportent à son véritable auteur. Si on osait, du reste, demander à Portal de plus amples explications sur les faits qu'il avance, peut-être lui serait-il difficile d'expliquer comment P. de Marchettis, chirurgien à Padoue, aurait pu donner ses soins à un militaire de la maison de Montmorency, blessé à la bataille de Dreux. Il a pris, pour éviter cette difficulté, le sage parti de ne pas traduire le mot *ad Druidas*. P. de Marchettis a emprunté l'observation d'Ambr. Paré à la traduction latine attribuée à Guillemeau (*Ambr. Parœi Opera*; Francof. ad Mœnum, 1594; in-fol., lib. XXII, ch. 10, p. 654), qui avait popularisé en Europe les œuvres de notre grand chirur-

Chap. 10, *l'Artifice de mettre un poucier ou doigtier* (1).

« Lorsqu'un nerf ou un tendon sont entièrement
coupés, leur action qu'ils faisoient se perd, et partant
la partie demeure manque à fléchir ou estendre, et
quelquefois peut estre aidée par l'artifice du chirurgien.

« Ce que j'ay fait à un gentilhomme estant à mon-
seigneur le connestable, lequel receut un coup de
coutelas, le jour de la bataillede Dreux, près la jointure de la main dextre, partie externe, de sorte que
les tendons qui eslevent le pouce furent du tout coupés : dont ledit pouce, après la consolidation de la
playe, demeura fléchi au dedans de la main, sans se
pouvoir lever, si ce n'estoit par le bénéfice de l'autre

---

gien. Pour en finir avec Portal, ajoutons que nous n'avons trouvé, dans le livre de P. de Marchettis, d'autre fait ayant trait aux
blessures de la langue, qu'une observation d'adhérences vi-
cieuses survenues à la suite d'un coup d'arquebuse, et détruites
par le bistouri.

Cette observation d'Ambr. Paré a eu du reste le malheur
d'être souvent mal comprise. Le *poulcier* mis en usage par le
chirurgien français n'était, je crois, dans sa pensée, qu'un
moyen prothétique, et non un appareil destiné à amener la ré-
paration du tendon coupé.

Est-il besoin de dire que j'ai pris pour ma traduction le texte
original d'Ambr. Paré ?

(1) Ce chapitre est de 1575; mais l'instrument avait déjà été
figuré en 1564, dans les dix livres de chirurgie, fol. 219, verso.
(Note de M. Malgaigne.)

main : mais subit se retournoit à réfléchir comme auparavant, qui estoit cause que le gentilhomme ne pouvoit prendre ny tenir espée, dague, lance, pique, ny autres armes. Or, voyant sa main estre quasi inutile et privée des armes, me pria luy couper le pouce, ce que ne luy voulus accorder ; mais je luy fis faire un instrument de fer-blanc, dans lequel mettoit son pouce. Ledit instrument estoit attaché par deux lanières à deux petits annelets sur la jointure de la main, si dextrement que le poulce demeuroit eslevé : et par ainsi le gentilhomme pouvoit tenir espée, pique, lance et autres armes. La figure t'est icy représentée. »

Suit la « figure d'un poucier de fer-blanc pour tenir le pouce eslevé » (1) (Ambr. Paré, éd. Malgaigne, t. II, p. 613).

Il y a donc lieu de s'étonner qu'un homme, d'un grand renom du reste, ait avancé un précepte sem-

---

(1) J'ai dit, dans la note précédente, que cette figure avait déjà été publiée en 1564. Elle avait pour titre : « *Un dettier de fer-blanc*, lequel se peut attacher (au moyen des deux petites boucles) au poignet, pour empescher que le poulce ne se ploye dedans la main, qui se fait parce que les nerfz ou tendons qui estendent ont esté couppez. » Du reste, la bataille de Dreux ayant été livrée en 1563, c'était donc le doigtier imaginé pour le gentilhomme blessé à cette bataille, que Paré s'était hâté de figurer dans le livre qu'il avait sous presse. (Note de M. Malgaigne.)

Il y a ici une légère erreur de date: la bataille de Dreux a été livrée le 19 décembre 1562. (A. W.)

blable. Je vous avertis donc de ne jamais faire de
suture sur les nerfs ou sur les tendons. Galien dit,
dans le passage déjà cité, qu'on doit amener au contact les lèvres d'une plaie, et pratiquer la suture ; mais
il ne dit pas un mot de la suture des nerfs ou des
tendons. J'ai vu dernièrement un exemple remarquable et déplorable à la fois de cette mauvaise coutume de coudre les nerfs ; en effet quelques-uns de
nos barbiers ayant, dans la saignée du bras, percé
avec leurs lancettes aiguës le nerf situé sous la veine
basilique, les malheureux patients succombèrent
dans les convulsions. Aussi je crois qu'on doit condamner l'usage des lancettes aiguës, et donner la
préférence aux instruments semi-lunaires dont se servent les Allemands, comme plus innocents et ne pouvant pas faire courir au malade danger de la vie (1).
Ces exemples condamnent absolument le sentiment
de M.-A. Séverin.

(1) La lancette moderne, dont on trouve la première mention en 1561 (A. Paré, Fioraventi), était généralement préférée
vers la fin du xvi⁰ siècle ; les Allemands seuls conservèrent la
flamme jusqu'au xviii⁰ siècle (Heister). Voyez la très-intéressante
esquisse historique sur la saignée considérée au point de vue
opératoire, par M. Malgaigne (*Revue médico-chirurgicale*, t. IX ;
Paris, 1851 ; in-8⁰, p. 123 et 182).

Traité des fistules de l'anus et du rectum.

Des fistules de l'anus et du rectum, et d'abord de leurs différences.

CHAPITRE I.

Bien que je n'ignore pas que tous les auteurs se sont occupés du traitement des fistules de l'anus, comme ils n'ont pas la même manière que moi de les expliquer et de les traiter, j'ai résolu de parler de ma méthode, qui m'a donné souvent d'heureux résultats. Je commence par les différences que présentent ces fistules.

Les unes sont situées près de l'anus, sans parvenir toutefois jusqu'à son orifice ; quelques-unes atteignent cet orifice, et cheminent par-dessus l'intestin, sans cependant le perforer ; quelques autres au contraire le percent, et de celles-ci les unes sont dans le muscle sphincter externe ; les autres vont jusqu'à sa partie moyenne ; d'autres enfin sont près de ce muscle sphincter externe, au-dessus ou même au delà, mais toujours à sa partie supérieure. Il en est qui montent entre les deux tuniques de l'intestin rectum, tantôt jusqu'au milieu du sphincter, tantôt plus loin ; il en est encore qui se détournent du côté de la vessie ; variété des fistules de l'anus et du rectum qu'il m'a été donné d'observer. En outre, les unes n'ont qu'un cul-de-sac, les autres en ont plusieurs ;

les unes sont droites, les autres tortueuses. Toutes ces différences doivent être notées avec soin, parce qu'elles sont importantes à connaître pour le traitement.

Des causes des fistules de l'anus et du rectum.

CHAPITRE II.

Les causes de ces fistules sont internes ou externes. Les externes sont les plaies qui dégénèrent en ulcères et ceux-ci en fistules ; les contusions produites par l'exercice du cheval, par une chute ou toute autre violence exercée sur l'anus, qui donne lieu à un abcès. Ces contusions, qui ont surtout leurs siége près de l'anus, perforent infailliblement l'intestin par le pus qu'elles renferment. Quant à celles qui sont plus éloignées de l'anus, elles n'offensent pas l'intestin, mais seulement les parties molles, par la surface externe de laquelle elles passent.

Les causes internes des fistules de l'anus et du rectum sont les humeurs, les hémorrhoïdes, les exulcérations.

Les hémorrhoïdes en effet, par la douleur dont elles sont la cause, amènent en ce point un afflux sanguin : il se forme une tumeur qui dégénère en un sinus, puis en une fistule. Elles tirent leur origine d'une excoriation du rectum, lorsque quelque matière bilieuse, mordante ou virulente, en particulier celle qui est due à la vérole, exulcère l'intestin ; que celui-ci est peu à peu perforé, cette matière s'amassant et séjournant longtemps dans l'ulcère, qu'elle excave insensiblement; enfin lorsque, cette matière s'accumulant dans l'épaisseur des parties musculeuses, on voit, avec le temps, naître une tumeur à la région anale externe, qui, venant à se rompre, se convertit en une fistule, laquelle, à son tour, perce soit l'intestin, soit les muscles extérieurs.

Enfin, si des humeurs hétérogènes affluent vers l'intestin et perforent le sphincter, il en résulte des abcès et des fistules, pour les raisons que nous avons données plus haut.

Telles sont les causes, telle est l'évolution des fistules de l'anus et du rectum. Passons aux symptômes.

Symptômes des fistules de l'anus et du rectum.

CHAPITRE III.

S'il existe une fistule dans les parties externes, près de l'anus, qui cependant n'ait pas perforé le muscle sphincter, on reconnaîtra, par la sonde, si elle pénètre dans l'intestin : dans ce cas, en effet, le doigt, préalablement graissé d'huile, introduit dans l'anus, rencontre la sonde à nu.

On reconnaît que les fistules cheminent entre les deux tuniques de l'intestin, si le doigt qui va à la rencontre de la sonde la trouve recouverte de la tunique intestinale. Il faut remarquer de plus qu'à l'aide de la sonde, nous pouvons constater la longueur de la fistule, qui va quelquefois jusqu'à une hauteur que nous ne pouvons atteindre avec **le** doigt. Voici maintenant comment on peut reconnaître si la fistule perce l'intestin au niveau du sphincter ou au-dessus de lui : si l'extrémité du doigt introduit dans l'anus n'est pas serrée, mais semble être dans un espace vide ; si le stylet introduit dans la fistule arrive jusqu'à l'extrémité du doigt, c'est-à-dire dans ce même espace vide, nous pouvons conclure que la fistule perfore l'intestin au-dessus du muscle. Il faut ajouter à ce signe de la perforation de l'intestin, indiqué par tous les auteurs, qu'il sort par la fistule des gaz puants ou des matières fécales.

On reconnaît donc, comme nous l'avons fait remarquer, au moyen du doigt et de la sonde, si une fistule siége au commencement, au milieu ou à la fin du muscle sphincter. Quant à celles qui vont vers la vessie, c'est à leur situation qu'on les reconnaît ; cela saute aux yeux, car la sonde va du côté de la vessie. Si elles ont perforé la vessie, il s'écoule de l'urine en abondance ; les malades conservent cette infirmité toute leur vie, ou succombent misérablement au bout de peu de jours, si la fistule s'agrandit beaucoup. Ce sont des symptômes qui ne peuvent être appréciés que par un chirurgien très-exercé, surtout ceux qui indiquent que le muscle et l'intestin sont perforés.

Pronostic des fistules de l'anus.

CHAPITRE IV.

Toutes les fistules que j'ai décrites peuvent être guéries par un médecin habile. Pour moi, sans vanité, j'en ai guéri un très-grand nombre par la méthode que j'indiquerai plus loin; il en est qui sont plus difficiles à guérir que d'autres. Celles qui percent l'intestin au-dessus du sphincter et celles qui sont d'origine vénérienne ne se guérissent pas aisément; au contraire, on a facilement, et en peu de temps, raison de celles qui siégent à l'orifice anal; moins facilement de celles qui siégent au milieu du muscle, et de celles qui percent l'intestin au-dessus du muscle. Ces dernières sont les plus difficiles à guérir, et exigent beaucoup de temps.

La difficulté est encore plus grande, s'il y a quelque complication grave, par exemple des hémorrhoïdes enflammées, et quelque abcès venu dans le voisinage; une douleur vive de la partie affectée, des callosités anciennes et dures. Ces symptômes ne sont pas un obstacle absolu à la guérison, mais ils la retardent fort longtemps; lorsqu'on a pu les faire disparaître, elle se fait alors facilement.

C'est encore une question qui n'est pas résolue unanimement par les auteurs, que de savoir si on doit fermer les fistules de l'anus. Quelques-uns le nient formellement, et les déclarent incurables, parce qu'ils ne savent pas les guérir; je suis d'un avis contraire, et je pense qu'elles doivent et peuvent toutes être guéries, à l'exception de celles que l'on voit chez des malades cachectiques. Encore faut-il savoir si les fistules sont venues après la cachexie ou si au contraire la cachexie a suivi les fistules. Si en effet les fistules succèdent à la cachexie, on ne doit pas les guérir, du moins il faut préalablement corriger l'intempérie des viscères et les ramener à un état convenable. Quant à celles qui ont précédé la cachexie, il faut absolument les fermer.

Il est facile de prouver que les fistules peuvent amener à leur suite la cachexie ; en effet le sang, en circulant, vient baigner la partie gâtée et comme souillée par les fistules, il y prend je ne sais quelle mauvaise qualité qu'il communique ensuite aux viscères, et qui constitue une disposition à la cachexie. Ou du moins, si on n'accepte pas la circulation du sang (1), les vapeurs malfaisantes qui s'élèvent du sang contenu dans la partie fistuleuse qui est recouverte de pus infectent la masse du sang ; la nutrition est altérée, et la cachexie survient.

Quant à l'objection de quelques auteurs, qui demandent où passera cette matière purulente, qui s'écoulait auparavant continuellement de la fistule, lorsque celle-ci sera guérie ; ajoutant que très-certainement cette matière corrompue et malfaisante refluera vers d'autres parties qu'elle attaquera, et que par conséquent il est très-mauvais de tenter la cure des fistules de l'anus, je ne crois pas qu'il faille s'en inquiéter. On ne voit jamais en effet survenir aucun accident après leur guérison ; la nature, qui distribue à chaque partie du corps l'aliment qui lui convient,

---

(1) C'est en 1628 que parut la première édition du livre de Guill. Harvey, mais son admirable découverte trouvait encore des adversaires dans la seconde moitié du xviie siècle.

le donne de même à la partie qui est le siége de la fistule ; le sang qui arrive en ce point pour servir à la nutrition, bien qu'il soit louable, se corrompt, se convertit en pus, qui doit être chassé de l'économie. Mais que la fistule soit guérie, l'aliment de cette partie ne se corrompra plus, bien plus, il s'assimile et s'unit à la partie ; il n'y a donc pas de raison pour qu'il reflue vers les parties saines, et qu'il y amène quelque altération. Les fistules de l'anus et du rectum peuvent donc, comme j'en ai vu de nombreux exemples, être guéries, sans aucun danger pour les malades ; il faut toutefois auparavant avoir soin de chasser la matière morbifique et de rétablir le libre exercice de toutes les fonctions ; enfin, pour que cette crainte de reflux de la matière n'ait plus aucun fondement, il faut établir à la cuisse droite un fonticule pour chasser tous les jours par là les matières excrémentitielles.

D'ailleurs il faut guérir les fistules de l'anus, dans la crainte d'un danger plus sérieux, de peur que le pus arrêté dans son écoulement, ce qui arrive souvent, pus qui est âcre et chaud, se répandant dans les diverses anfractuosités, n'arrive à perforer l'intestin et à produire de vastes ulcères, qui font souvent périr les malades. C'est ce qui arriva, il y a deux ans, à l'illustre et excellent Malipieri, procurateur de Saint-Marc, qui n'avait pas consenti à ce qu'on incisât une fistule qu'il avait à l'anus. C'est ce que j'ai vu arriver nombre de fois. Donc je vais m'occuper du traitement.

Traitement des fistules de l'anus et du rectum.

CHAPITRE V.

Le traitement des fistules comprend deux ordres d'indications : les unes générales, qui ont trait à la cause de la maladie ; les autres particulières, c'est-à-dire qui concernent la maladie elle-même. Pour le traitement général, si les viscères du malade sont en bon état, ce que l'on reconnaît au libre exercice de toutes fonctions, il sera suffisant d'expurger le corps avec des lénitifs, des préparants, et de légers purgatifs, et de tirer du sang, si cela est utile, du bras ou du pied. Il en est qui pensent qu'il n'est pas besoin de tout cela ; je l'accorde, lorsque le malade est d'une bonne constitution, et j'en ai guéri moi-même plusieurs, sans ce traitement préparatoire, et sans qu'il y ait rien eu à craindre pour eux. Mais si le malade est d'une mauvaise constitution, cacochyme, il faut le purger une ou plusieurs fois, pour empêcher la fluxion : puis lui faire prendre de la décoction de gaïac, de salsepareille, ou d'autres médicaments, conformes au tempérament. Tant qu'en effet il y a de la cachexie, les fistules ne se guérissent guère : il faut attendre que toute l'intempérie des viscères ait disparu, et qu'ils aient été remis dans leur état normal. Pour ce qui regarde le traitement local des fistules dont je m'occupe, il varie infiniment en raison de leurs différentes espèces : pour celles qui sont situées près de l'anus, et qui n'atteignent pas son

orifice, on les guérit très-aisément, en les incisant :
si elles sont rectilignes, une seule incision suffit; si
elles sont anfractueuses, il faut y revenir plusieurs
fois.

Il convient d'abord de dilater l'ouverture de la fistule à l'aide de tentes enduites de quelque médicament
approprié; par exemple d'onguent ex betonica ou
matrisylva, ou choses semblables; il faut les faire
plus grosses tous les jours jusqu'à ce que l'ouverture
de la fistule assez agrandie puisse admettre le scalpel
qui doit servir à l'incision. Si ces tentes ne pouvaient
suffire, il faut employer la racine de gentiane, la
moelle de sorgum ou l'éponge préparée à la ficelle.
Lorsqu'une fois l'ouverture est dilatée suffisamment,
on y introduit le petit couteau droit que Fabrice
d'Aquapendente a fait figurer parmi ses instruments
de chirurgie, et on coupe d'un seul coup jusqu'au
fond de la fistule. On met ensuite des bourdonnets
de charpie imbibés de blanc d'œuf, et par-dessus des
plumasseaux trempés dans le même liquide, pour
empêcher l'inflammation. Le lendemain on enlève
tout cela, et on recherche avec soin, avec un stylet,
si la fistule n'a pas d'autres sinus qui devraient être
dilatés et incisés comme le premier; puis il faut appliquer les réfrigérants, et sur la fistule qui a été
incisée tout d'abord le digestif. Comme il arrive
souvent que des callosités survenues à la suite de
l'incision empêchent la guérison de se faire, il faut,
pour les faire disparaître, avoir recours à un peu
de vert-de-gris ou de précipité; il faut prendre garde

toutefois que ces corrosifs ne touchent les lèvres de la plaie, ce qui amènerait de vives douleurs. Si ces corrosifs ne remplissaient pas le but, il faudrait recourir au cautère actuel; et cependant j'ai vu des callosités enlevées par le digestif seulement : peut-être cela paraîtra-t-il nouveau et singulier, mais c'est pour moi un fait d'expérience. Par exemple, j'ai vu une femme qui avait les deux fesses percées de part en part par une fistule ancienne qui passait par les trous de l'os de la hanche qui sont bouchés par les muscles obturateurs externe et interne; cette fistule était garnie de callosités extrêmement dures, de l'épaisseur du médius; je fis de part et d'autre de larges incisions qui allaient jusqu'aux os, je mis ensuite du digestif, pour aider la maturation, et les callosités ramollies furent éliminées à peu de frais, comme l'écorce d'un arbre. La malade fut complétement guérie au bout de cinq mois, et demeura longtemps dans un état parfait de santé.

Une fois les callosités consumées et la plaie détergée, il faut favoriser la production de la chair, non pas avec les onguents sarcotiques, qui sont trop humides, mais avec des onguents secs, celui de tuthie ou d'Isis, par exemple; il faut donc remplir la plaie de bourdonnets de charpie enduits de ces onguents, afin que la chair s'élève du fond de la plaie, avant qu'on les diminue; puis il faut mettre par-dessus du cérat diachalciteos, ou de céruse, ou de gratia Dei; où, surtout en hiver, du cérat barbare.

Quand la chair sera également formée, il faudra

obtenir la cicatrisation, non avec des poudres ou de la charpie sèche, auquel cas les lèvres de la plaie deviennent calleuses, et la cicatrice ne s'établit pas convenablement, mais avec des médicaments humides tout d'abord, mais ayant la puissance de dessécher comme les onguents dont j'ai déjà parlé : d'Isis, de tuthie, de plomb et autres, à l'aide desquels on obtient une cicatrice dure et solide qui ne s'ouvrira plus facilement.

Comme aussi quelquefois des bourgeons charnus s'élèvent qui retardent la cicatrisation, il faut les détruire avec l'alun calciné, le précipité et autres choses. Voilà ce que j'avais à dire sur le traitement des fistules de la première espèce.

Quant à celles qui atteignent l'orifice anal et cheminent à l'extérieur au-dessus de l'intestin rectum, sans le percer toutefois, on ne les guérit pas aussi facilement, à cause de la grande quantité de matières humides qui découlent incessamment des intestins. Il faut cependant, pour ces fistules, comme pour les autres dont nous avons déjà parlé, recourir à la dilatation et à l'incision ; il n'y a pas d'autre moyen de les guérir.

Ici s'élève cette difficulté : faut-il inciser en dedans ou en dehors? Si on pratique l'incision en dehors, elle doit être longue et profonde, et n'est pas sans danger; si on la pratique en dedans, on blesse les parties saines. Mais évidemment il est préférable d'inciser en dedans, car les fistules qui cheminent le long du rectum, bien qu'elles ne le percent pas, ne sauraient être cicatrisées, à moins qu'il ne soit incisé ; et ce n'est pas sans raison. En effet, l'intestin, étant d'une nature différente de celle des tissus qui l'entourent, ne saurait se réunir à eux que par l'intermédiaire d'une substance charnue ; c'est ce qu'on obtient par l'incision.

Il ne se fait pas d'adhésion entre la chair et l'intestin à cause de l'humeur ichoreuse qui s'écoule incessamment de ce dernier, humecte la chair et empêche la réunion. Il ne faut donc pas redouter l'incision du sphincter et du rectum ; à cette condition seulement qu'on prenne soin de ne pas couper le muscle en entier, ce qui amènerait l'excrétion involontaire des matières fécales.

Une fois l'incision faite, il faut faire tout ce que nous avons déjà prescrit, sauf qu'il convient d'employer, au lieu du digestif, l'onguent ex betonica ou matrisylva pendant quelques jours ; il faut ensuite employer des desséchants un peu plus énergiques pour chasser l'humidité superflue et faire venir de la chair ferme dans le fond de la fistule. Lorsque celle-ci est remplie de tissus résistants et louables, on amènera la cicatrisation à l'aide des moyens que nous avons indiqués. Il faut que cette cicatrice soit un peu molle, afin que le muscle puisse librement se resserrer. Il peut arriver, en effet, si la cicatrice est dure, que le muscle ne puisse pas se contracter suffisamment ; il y a alors excrétion involontaire des matières fécales, ce qui donne aux ignorants l'occasion de condamner mal à propos l'incision du muscle.

S'il arrive que la cicatrice soit dure, il faudra l'amollir avec l'eau forte et l'esprit de vitriol, outre les bains de siége dans nos eaux thermales, qui sont extrêmement utiles; car ils n'ont pas seulement la vertu de ramollir les callosités, mais aussi de corroborer merveilleusement les parties lésées. Il faut aussi éviter de se servir d'huiles, d'onguents et de cérats, qui, en relâchant les parties, les rendent sujettes à la fluxion, et retardent la cicatrisation.

Arrivons au traitement des fistules qui percent l'intestin soit à la partie inférieure, soit au milieu, soit à la partie supérieure du sphincter. Cette différence de position ne change en rien la nature du traitement, mais rend la cure plus ou moins longue. En effet, les fistules situées au niveau de la partie inférieure du muscle se guérissent plus rapidement; tandis que celles qui sont au niveau de la partie moyenne ou de la partie supérieure du sphincter se guérissent plus lentement, à cause des incisions profondes qu'il faut faire pour les guérir radicalement. Comme toutes les autres, elles doivent être d'abord dilatées avec des tentes appropriées, puis incisées, ce qui peut se faire de deux façons : ou avec le syringotome, ou avec un fil de soie ou un crin de cheval. Je me sers du fil, lorsque j'ai affaire à des gens qui appréhendent l'instrument tranchant, et cependant avec le fil la section est longue et douloureuse; je me sers plus souvent du syringotome, à l'aide duquel l'opération est plus rapide et moins douloureuse.

La fistule une fois reconnue, il faut l'opérer de

l'une ou de l'autre façon, puis remplir après l'incision la cavité avec des bourdonnets de charpie imbibés de blanc d'œuf. Il faut noter qu'il faut pour ces fistules une assez grande quantité de ces bourdonnets ; il faut tenir l'incision bien ouverte, de peur que, l'intestin se cicatrisant de nouveau, ce qui peut arriver, et les parties voisines en faisant autant, la fistule ne persiste. La digestion étant faite avec l'onguent **ex betonica** et le digestif, et du pus louable apparaissant, il faut travailler à la génération de la chair, non pas, comme pour les autres plaies, avec les onguents **ex betonica** et **matrisylva** (nous avons dit plus haut pourquoi), qui, à cause de l'humidité qui se trouve en ce point, engendreraient une chair lâche et molle, mais avec de la charpie sèche, des poudres de tuthie préparées, de terre sigillée, de corne de cerf brûlée, de plomb et autres médicaments desséchants actuellement et potentiellement, et qui donneront une cicatrice ferme.

S'il y avait eu beaucoup de fibres musculaires du sphincter coupées, il faudrait tenir une tout autre conduite, employer des onguents humides actuellement, mais secs potentiellement, afin que la cicatrice ne devînt pas, comme je l'ai déjà dit, dure et résistante, et ne mît pas empêchement à la contraction du muscle, ce qui amènerait l'incontinence des matières fécales.

Quant aux fistules qui percent l'intestin au delà de la partie supérieure du muscle sphincter, bien que le plus grand nombre des chirurgiens pense qu'on

ne peut les guérir qu'à la condition de couper entièrement le muscle sphincter et de condamner le malade
à une incontinence des matières fécales, je les ai le
plus souvent guéries fort heureusement, sans que
cette incommodité soit survenue, en faisant une dilatation convenable, comme j'ai dit qu'il fallait faire
pour toutes les autres, et en coupant ensuite le sphincter de façon à en laisser intacte une portion ayant,
pour ainsi dire, la largeur d'un anneau, qui s'ac-
quittera de ses fonctions.

L'incision étant faite, il faudra cautériser ce qui
restera de la fistule, pour enlever les callosités ; puis
faire tomber la croûte avec du beurre ou du digestif, puis remplir la cavité de bourdonnets enduits
d'onguent de tuthie, en ayant soin de les diminuer
successivement, jusqu'à ce que de la bonne chair soit
engendrée également dans tous les points et rem-
plisse la cavité.

Comme il arrive souvent que, à cause de l'humidité trop abondante de cette partie, on voit végéter
des chairs fongueuses et molles, on se servira en pareil cas, pour consumer ces chairs, d'onguent d'Isis
mêlé à parties égales d'onguent de tuthie, jusqu'à ce
qu'il se fasse de la bonne chair, qui sera couverte
plus tard par la cicatrice.

Viennent maintenant les fistules qui cheminent
entre les deux tuniques de l'intestin rectum, et qui
se portent en haut, tantôt dépassant la largeur du
sphincter, tantôt demeurant au-dessous. Elles sont
rarement calleuses, à ce que j'ai remarqué, à cause

de l'humidité qui afflue et baigne incessamment les membranes. Il faut les dilater immédiatement avec des tentes faites de linge, et rejeter celles de moelle de sorgum, de racine de gentiane, et d'éponge préparée, qui, dilatant plus que de raison, peuvent lacérer les membranes de l'intestin. Quand on a obtenu une dilatation suffisante, il faut faire une incision longitudinale, sans craindre en aucune façon de léser le sphincter; il faut faire cette incision en dedans.

Pour faire cette incision, il faut introduire dans l'anus une canule arrondie, fermée d'un côté, fendue de l'autre, dans le milieu de laquelle on mettra un peu de laine ou de coton, pour ne pas émousser le tranchant du scalpel. Cette canule sert à recevoir l'instrument tranchant dans l'incision des fistules, et à protéger les parties opposées de l'intestin (1).

Après la section, ces fistules se recouvrent rapidement d'une cicatrice, à la condition qu'on fasse, deux fois par jour, des injections desséchantes, et qu'on introduise des tentes enduites d'onguent de tuthie et de poudres desséchantes.

---

(1) Ce gorgeret est devenu célèbre, parce qu'il a servi de modèle à tous ceux qui ont été faits depuis. Il est convenu, d'après les descriptions classiques, qu'il était en métal; ce n'est pas assurément le texte de l'auteur qui permet d'affirmer le fait. M. Salv. de Renzi, dans son histoire de la médecine en Italie (*Storia della medicina in Italia,* in-8°, t. V, p. 857; Napoli, 1848), accuse hautement Percy d'avoir dépouillé P. de Marchettis de son invention. Je ne crois pas que Percy soit aussi coupable que M. S. de Renzi le prétend.

Immédiatement après l'incision, il faut placer une tente assez longue pour aller jusqu'au fond, imbibée de blanc d'œuf agité avec du bol d'Arménie oriental ; le lendemain, il faut pour déterger injecter de l'eau d'orge, avec miel rosat, et saupoudrer la tente de poudres de bol d'Arménie, de terre sigillée, de corne de cerf brûlée, tant comme desséchants, que comme astringents. Il faut avoir soin de ne jamais se servir de digestif pour les fistules de cette espèce, de peur d'altérer les membranes minces de l'intestin. Au bout de quatre ou cinq jours, il faut faire des injections avec les eaux thermales du Mont-aux-Malades, ou, à leur défaut, avec des eaux artificielles préparées avec du vitriol, du nitre, du sel, de l'alumine et de l'eau commune. Il faut toujours persévérer dans l'emploi de la tente enduite d'onguent de tuthie, et des poudres desséchantes dont j'ai déjà parlé. Ce que faisant, on obtiendra une cicatrice qui, bien que dure et calleuse, ne mettra aucun obstacle à la contraction du sphincter. Et d'ailleurs, si elle était plus molle, elle serait bientôt relâchée par l'humidité qui baigne incessamment cette partie.

Il me reste à parler du traitement des fistules qui vont jusqu'à la vessie. Elles sont de plusieurs espèces : les unes vont jusqu'à son col, et de celles-ci, les unes vont vers l'origine, vers le milieu, ou la terminaison du col, sans le percer ; d'autres, au contraire, le percent soit à son origine, soit au milieu, soit à la terminaison, là où la vessie s'unit à son col.

Je parle des premières dans mon traité des fistules

de l'urèthre ; je n'ai pas à m'occuper des autres, attendu qu'elles sont absolument incurables, et qu'il faut les abandonner aux chances du pronostic, de peur, comme le dit Celse, de compromettre des moyens thérapeutiques qui ont été souvent utiles. Je n'ai donc à m'occuper que du traitement des fistules qui vont jusqu'au col de la vessie, sans le percer. Il faut, en pareil cas, faire une dilatation plus grande que pour celles dont nous avons parlé plus haut ; et pour cela, il faut avoir recours aux tentes d'éponge préparée, de racine de gentiane, de moelle de sorgum ou de sureau ; puis, la fistule une fois dilatée, il faut l'inciser, non pas avec le scalpel, mais avec un bistouri spécial, courbe, dont le dos soit fort uni, pour ne pas offenser le col de la vessie, et qui soit bien tranchant, parce que les parties qui revêtent la fistule sont membraneuses, et, pour cette raison, difficiles à couper. S'il y a plusieurs anfractuosités, comme cela arrive le plus souvent, il faut les mettre à découvert par autant d'incisions, sans toucher au col de la vessie, ce qui déshonorerait le médecin, car il serait honteux pour lui que l'urine prît son cours par des parties autres que celles qu'elle doit traverser. L'incision faite, il faut détruire les callosités, et achever la cure de la même façon que pour les autres fistules, dont celles dont nous nous occupons ne diffèrent que sous le rapport de leur siège. Il est bon de remarquer que le médecin doit s'occuper de suite de mettre tout en œuvre pour guérir les fistules de l'anus, à moins que le malade ne s'y refuse ; car, si la matière purulente, comme il arrive souvent, est retenue et ne peut s'écouler, il se forme divers culs-de-sac, et peu à peu la fistule s'étend de côté et d'autre, tandis que la suppression de l'écoulement du pus produit des abcès qui s'accompagnent d'une douleur violente et de fièvre assez intense.

Si les fistules sont d'une grande étendue, elles amènent la cachexie. En effet, le sang, dans son trajet circulaire, passant au travers de la partie malade, y prend je ne sais quelle mauvaise qualité et s'altère; des vapeurs putrides s'élèvent aussi de la cavité de la fistule, et attaquent les viscères.

Les fistules qui percent l'intestin doivent être guéries aussitôt, parce que les malades sont tourmentés par le ténesme et des envies fréquentes d'aller à la garde-robe, et ont des selles douloureuses. Il y a encore quelque chose de plus grave, c'est que la partie malade étant toujours pleine de pus, il arrive souvent qu'il se forme des ulcères phagédéniques, ce que j'ai vu nombre de fois.

Des symptômes qui surviennent pendant le traitement des fistules de l'anus et du rectum.

CHAPITRE VI.

Les principaux symptômes qui, dans les fistules de l'anus, réclament un traitement spécial sont l'hémorrhagie, l'inflammation, la douleur violente, et les hémorrhoïdes. On calmera la douleur avec les

anodins, comme l'huile d'amandes douces, de violettes, la camomille, le lait, le beurre lavé à l'eau de
roses, et autres médicaments semblables.

Il survient quelquefois une inflammation considérable, surtout à la suite de l'incision, et lorsque celle-
ci a été grande, la douleur faisant appel aux humeurs;
il faut alors avoir recours aux répercussifs, comme
le blanc d'œuf, le suc de plantain, de pourpier, de
polygone, de myrtilles, et si la douleur et la chaleur
sont violentes, on tirera du sang des veines d'en haut,
pour faire révulsion aux parties éloignées.

Très-souvent les hémorrhoïdes, irritées par l'incision surtout et par l'application de médicaments
âcres, deviennent turgescentes : de là des douleurs
aiguës, qui réclament un traitement spécial. Il faut
appliquer sur la partie douloureuse un linge trempé
dans du lait tiède, du pain imbibé de lait de vache;
l'onguent rosat est aussi fort bon en pareil cas. On
peut encore employer les stupéfiants, ceux du moins
qui le sont légèrement, comme l'onguent populéum
ou santalin, avec une petite quantité d'opium. Mais
il n'y a pas de meilleur remède que la saignée,
d'abord celle du bras pour la révulsion, puis celle
du pied pour la dérivation, qu'on proportionne à la
maladie et aux forces du malade.

Le dernier symptôme est l'hémorrhagie. Il arrive
parfois qu'on coupe des branches des veines hémor-
rhoïdales, d'où le sang s'échappe aussitôt avec violence. Il faut à tout prix arrêter cet écoulement de
sang, puisque la vie en dépend; et pour cela il faut

appliquer du coton brûlé avec des poudres astringentes, des étoupes imbibées de blanc d'œuf, et com-
primer pendant quelque temps la partie avec la main,
jusqu'à ce que l'hémorrhagie cesse. Il faut laisser l'appareil en place pendant deux ou trois jours, jusqu'à
ce que le pus qui le baigne le fasse tomber. Il faut
se garder de donner des bains de siége d'eaux thermales à ceux à qui on a pratiqué une incision ou qui
ont des hémorrhoïdes qui fluent, car ces eaux ont
la vertu de faire renaître l'hémorrhagie ; les chirurgiens qui le font tombent dans une erreur grave.

*Remarques concernant le traitement des fistules de
l'anus et du rectum.*

CHAPITRE VII.

Certains médicastres pensent pouvoir guérir les
fistules de l'anus et du rectum avec des baumes, des
onguents, des injections, et autres expédients semblables ; mais c'est à tort, car il n'y a que la cautérisation et l'incision qui puissent donner de bons résultats. Au moins n'ai-je jamais vu, en cinquante ans
de pratique, de fistule de l'anus parfaitement guérie
par de pareils moyens, bien qu'il m'ait été donné souvent d'en voir que des barbiers ou des chirurgiens
inexpérimentés avaient amenées à cicatrisation à
l'aide de remèdes secrets ; mais ce n'était qu'une cicatrisation apparente et superficielle, le pus demeu-
rait caché au fond de la fistule, et, peu de jours après,

déterminait en se répandant la formation de nouvelles fistules plus étendues et plus graves (1).

Si on veut guérir complétement les fistules, il faut
employer le fer ; ceux qui ignorent l'anatomie redou-
tent beaucoup d'y avoir recours, mais ceux qui la
connaissent le font sans crainte. Il faut toutefois ma-
nier prudemment le fer dans ces fistules, de peur
d'intéresser les veines du siége, dites hémorrhoï-
dales, et de donner lieu à un écoulement de sang
abondant, qu'on n'arrêterait qu'avec peine. Si les
hémorrhoïdes ne sont pas gonflées, il faut faire l'incision entre deux plis de l'anus ; si elles le sont, il
faut la faire dans un des intervalles libres qu'elles
laissent.

Les fistules profondes réclament plusieurs incisions, qu'on pratiquera successivement, de peur
d'amener de l'inflammation. En effet, une seule incision très-étendue donne lieu, par l'étendue de la
plaie, à de la douleur et de l'inflammation ; ce qui
se peut voir surtout quand il a fallu pénétrer dans
des sinus profonds. C'est donc se tromper grossièrement que d'agir comme certains chirurgiens ignorants, qu'on devrait plutôt appeler bouchers, qui,

---

(1) Voy. pour les baumes, onguents, injections, et autres expédients semblables, la très-curieuse histoire de la fistule de
Louis XIV dans le *Cours d'opérations de chirurgie* de Dionis,
8e éd.; Paris, 1777, in-8º, p. 337 et suiv., et dans le feuilleton
de *l'Union médicale* du 28 et du 31 août 1852 (articles de M. J.-A.
Leroi).

aussitôt après l'incision de l'anus et du rectum, brû-
lent avec le fer rouge les parties que le couteau vient
de labourer; ce qui donne lieu à une douleur très-
vive et retarde la guérison.

Il arrive souvent qu'il se forme de la chair baveuse,
qui doit être détruite par les corrosifs, comme l'alun
calciné, le précipité, le vert-de-gris, les trochisques de
minium, etc. Tout cela doit être appliqué le matin de
préférence, de peur que la douleur ne fasse perdre
le sommeil aux malades, à leur grand préjudice.
Combien n'en ai-je pas vu à qui la douleur et l'état
de veille produits par un médicament appliqué le soir
donnaient de la fièvre; ce qui n'arrive pas si on emploie le même médicament de jour, parce que la vertu
sensitive est occupée et distraite par les divers ob-
jets extérieurs. En outre, on peut retirer ces médicaments et les remplacer par des sédatifs, sans gêner
le malade ni troubler son sommeil, ce qu'on ne peut
faire la nuit.

Si la partie malade est le siége d'une douleur vive,
s'il y a de la fièvre ou des hémorrhoïdes enflammées,
il faut remettre l'incision au moment où ces accidents
auront disparu sous l'influence de remèdes appropriés. Cependant il y a quelquefois de la douleur causée par l'accumulation de la matière purulente dans
quelque point de la fistule, ce qui arrive surtout dans
les fistules et les sinus anfractueux des autres parties: dans ce cas, le pus, par son acrimonie, corrode
les parties sous-jacentes, ce qui donne lieu à des douleurs continues; dans ce cas aussi, il faut pratiquer

aussitôt l'incision pour donner écoulement au pus.

Il faut avoir grand soin de ne pas abandonner les malades dont il s'agit, avant que les incisions soient complétement remplies de chair et recouvertes par une cicatrice; s'il reste un point, si petit soit-il, qui ne soit pas fermé, les gouttes de pus engendré peu à peu corrodent les parties voisines, et on voit se former un ulcère et une fistule. C'est une faute que quelques médecins ont à se reprocher.

Enfin il peut arriver pour certaines fistules, comme nous l'avons dit plus haut, que, si on incise seulement leur partie moyenne, laissant le reste intact, on les voit guérir parfaitement soit par les seuls efforts de la nature, soit par des injections de baume noir du Pérou ou de quelque autre baume artificiel. L'expérience m'a appris qu'il en était quelquefois ainsi, surtout lorsqu'il n'y a pas de callosités anciennes et dures.

OBSERVATION TOUCHANT LES FISTULES DE L'ANUS.

Quatre fistules qui perçaient l'intestin rectum d'un enfant d'un mois, parfaitement guéries.

J'ai donné des soins à un enfant d'un mois, fils d'un gentilhomme de Padoue, qui était affecté de quatre fistules qui avaient percé le rectum à sa partie inférieure.

J'en dilatai d'abord deux seulement avec des petites tentes; puis j'y fis passer un fil de soie, auquel

était attaché un petit syringotome fait exprès ; puis je
les traitai comme je l'ai dit dans mon traité des fistules. J'incisai ensuite et amenai à cicatrisation de la
même manière les deux autres fistules. Cet enfant
jouit encore maintenant d'une parfaite santé. J'ai
voulu rapporter cette observation, qui m'a paru rare,
eu égard à l'âge.

Des ulcères de l'anus.

Les ulcères du rectum étant fort communs au siècle
où nous sommes, et fort difficiles à guérir, comme le
prouve l'expérience de tous les jours, j'ai voulu exposer la manière de les guérir. La plupart sont dus
à l'infection vénérienne, et surtout à des rapports
antiphysiques, plus rarement à une autre cause, bien
que quelques-uns soient produits par la dysentérie ;
mais ceux-ci siégent à la partie supérieure de l'intestin et dans le côlon ; que quelques autres viennent
des hémorrhoïdes, et ils occupent la partie inférieure du rectum et l'orifice anal. Enfin on peut avoir
affaire à des rhagades, qui sont des crevasses produites par une humeur âcre et salée, mais qui guérissent aisément, attendu qu'elles n'ont pas de mauvaise qualité. On guérit en peu de temps les ulcères
dysentériques, en donnant deux ou trois lavements
détersifs d'eau d'orge et de miel rosat, et en em-
ployant ensuite nos eaux thermales : de même, on
guérit aisément les rhagades avec de l'onguent de
céruse camphré, préparé dans un mortier de plomb.

Mais on ne vient pas aussi facilement à bout des ulcères vénériens, qui siégent le plus souvent au-dessus du muscle sphincter; en effet, il y a là, par le fait de la copulation, une semence corrompue et virulente qui produit de vastes ulcères qui, avec le temps, s'étendent soit en haut, soit en bas. J'ai trouvé sur un cadavre plus de trente ulcères bien distincts, de la grandeur de l'ongle, s'étendant dans tout l'intestin rectum et dans une certaine portion du côlon, à partir du sphincter; 2 ou 3 livres de pus sortaient tous les jours de ces ulcères. Le malade, dans un état d'émaciation extrême, avait une fièvre lente. Je le soignai pendant treize ou quatorze jours, puis il mourut. Outre les ulcères dont j'ai parlé et qui siégeaient au-dessus du sphincter, il y avait un trajet fistuleux qui partait des ulcères qui étaient au-dessus et allait jusqu'à l'orifice anal. Tout cela avait pour cause l'incurie de certains médecins, qui deux ans auparavant l'avaient abandonné sans qu'il fût guéri, sur ce prétexte que son corps se débarrassait de toute matière maligne, si bien que ce malheureux, qu'on avait laissé sans secours, succomba. Cet exemple m'a fait prendre le parti d'exposer la méthode à laquelle j'ai coutume d'avoir recours pour guérir ces ulcères.

Il faut d'abord purifier le corps, à l'aide de médicaments propres à chasser la surabondance des humeurs; puis donner la décoction de bois de gaïac et de salsepareille pendant quarante jours, et de façon à provoquer la sueur, comme dans la vérole. En même temps, il faut employer les remèdes topiques, et d'abord des injections d'eau d'orge, mêlées avec de l'onguent égyptiac, pour absterger les ulcères qui sont toujours sordides. On emploiera l'onguent égyptiac jusqu'à ce qu'il y ait de la douleur et un léger écoulement de sang; alors on s'en abstiendra et on le remplacera par une décoction de gaïac, de scordium, de verge d'or. Ensuite il faudra en venir à nos eaux thermales du Mont-aux-Malades, et, quand on aura fait les injections, mettre toujours une longue et grosse tente enduite d'onguent rouge du Plaisantin (Casserius) ou d'onguent de tuthie mêlé avec parties égales d'onguent d'Isis et à une petite proportion de précipité qui convient à la vérole. J'ai guéri par cette méthode et guéris encore tous les jours quantité d'ulcères vénériens, quoiqu'il s'en présente parfois de si malins qu'ils ne cèdent pas aux remèdes que j'ai indiqués et qu'il faut en venir au feu, non-seulement une fois, mais deux, trois ou quatre fois. Pour ne pas offenser les parties saines il faut d'abord trouver le siége de l'ulcère; il en est qui pour cela se servent de l'instrument qu'on appelle *speculum ani,* qui déchire les parties et y amène de la douleur et de l'inflammation; aussi ne puis-je approuver l'usage de cet instrument, d'autant qu'on peut arriver plus facilement au but qu'on se propose. Voici comment je m'y prends pour cautériser l'ulcère seul, sans toucher aux autres parties: j'introduis une tente longue et épaisse enduite de l'un des onguents dont je parlais tout à l'heure, je la laisse en place pendant quatre ou six heures, et, après l'avoir retirée, je regarde en quel point il n'y a plus d'onguent, qui a été remplacé par de la matière purulente qui adhère à la tente et indique le siége et l'étendue de l'ulcère. Alors je me munis d'une canule de la même longueur, qui puisse atteindre l'ulcère, fermée à son extrémité, et n'ayant d'ouverture que dans le point qui correspond à l'ulcère; je garnis cette canule d'un linge imbibé de blanc d'œuf battu avec de l'eau de roses, je l'introduis dans l'anus, et je cautérise à plusieurs reprises l'ulcère avec un fer rouge que je fais pénétrer dans la canule. Il faut retirer souvent le fer rouge plutôt que de le laisser séjourner dans la canule, de peur de cautériser trop haut le rectum et de le percer. Après la cautérisation, on introduit, pendant deux ou trois jours, une tente enduite de beurre; puis on fait des injections, comme je l'ai dit, soit avec les eaux thermales, soit avec des décoctions dessiccatives, en même temps qu'on laisse en place une tente enduite des onguents dont il a déjà été question. Voilà la méthode qui m'a servi à guérir quantité d'ulcères vénériens, aussi n'ai-je pas voulu la passer sous silence.

OBSERVATION SINGULIÈRE.

Accidents graves survenus à la suite de l'introduction forcée, dans l'anus, d'une queue de cochon dont les poils avaient été coupés à moitié; ces accidents sont rapidement et complétement calmés, et la malade guérit.

Je me rappelle avoir vu une fille publique dont

la vie fut en danger dans les circonstances suivantes : Des étudiants lui avaient introduit dans l'anus une queue de cochon roidie par la gelée, et voici comment ils s'y étaient pris : ils avaient coupé à mi-longueur les poils de cette queue, ce qui les rendait plus piquants ; puis, après l'avoir enduite d'huile, ils l'avaient fait entrer de force dans l'anus de cette femme. Une partie de cette queue, longue de trois doigts, faisait saillie au dehors, et quelques médecins avaient tenté de la retirer ; mais, dans leurs tentatives, les poils, qui se trouvaient à rebours, s'enfonçaient dans l'intestin et causaient à la malade des douleurs intolérables. On lui donna des médicaments par la bouche, on appliqua le spéculum pour dilater l'anus et retirer cette queue, mais ce fut en vain, si bien que la malade demeura six jours sans pouvoir aller à la selle, avec des vomissements, de la fièvre, et des douleurs dans tous les intestins. Je fus mandé, et m'étant rendu compte de tout ce qui s'était passé, je pris un roseau long de 2 ou 3 palmes, bien poli à son extrémité, et je le perçai ; puis je liai étroitement avec un fil fort l'extrémité de la queue qui faisait saillie hors de l'anus, et ayant fait passer le fil dans la cavité du roseau, j'introduisis ce dernier dans l'anus. Alors, en attirant à moi le fil par le tube que formait le roseau, je fis sortir cette queue sans léser l'intestin. Une grande quantité de matières fécales s'échappa aussitôt, ce qui soulagea la malade. Pendant deux ou trois jours, on fit dans l'anus des injections de lait de chèvre deux ou trois fois par jour ; puis, la douleur, qui avait été très-violente, étant apaisée, j'injectai du gros vin pour raffermir les parties, et la malade fut complétement guérie (1).

Des ulcères et fistules de l'urèthre.

Il se forme des ulcères à l'extrémité du col de la vessie et dans l'urèthre, le plus souvent, à la suite de la gonorrhée vénérienne ; quelquefois aussi, bien que plus rarement, ils sont produits par des humeurs chaudes, âcres et corrosives. Les ulcères du col de la vessie siégent dans le périnée ; ceux qui se développent un peu au-dessous sont dans le scrotum. Il en est aussi qui sont placés entre le gland et la verge, et dans cette fosse où est l'origine du gland. On ne guérit pas aisément ceux qui tirent leur origine d'une gonorrhée, à moins que celle-ci n'ait complétement disparu ; quant à ceux qui sont engendrés par d'autres humeurs, on les guérit sans difficulté en administrant au malade, pendant dix ou douze jours, de l'émulsion de semences de melon.

---

(1) L'auteur anonyme (Barbeu du Bourg ou du Monchaux) des *Anecdotes de médecine*, s. l., 1762, in-12, pris tout à coup d'une certaine velléité de pudeur, a cité cette observation en latin, pour ne pas choquer, dit-il, la délicatesse de certaines personnes ; il se contente de dire à ceux qui n'entendent point cette langue, qu'il s'agit *d'un bâton épineux fiché dans le dernier des intestins !* (P. 119.)

Pourquoi M. Velpeau veut-il que cette bizarre aventure se soit passée à Gœttingue (*Méd. op.*, t. IV, p. 757) ?

Ceux qui sont d'origine gonorrhéique doivent être combattus par les médicaments appropriés, et que tout le monde a acceptés pour traiter la maladie vénérienne, à savoir : la décoction de gaïac comme sudorifique, et autres choses semblables. Une fois la gonorrhée guérie, il faut s'occuper de l'ulcère ; car, si on ne le guérit, il se développe de la chair à sa surface, d'où cette affection que les Grecs appellent *sarcome,* qu'on nomme communément *carnosité,* que les lithotomes (1) détruisent avec des médicaments corrosifs. Pour que pareille chose n'arrive pas, je traite les ulcères avec des bougies composées de poudres de plomb calciné, de céruse, de tuthie préparée, mêlées avec de la cire. On les introduit dans l'urèthre, et on les y laisse nuit et jour, les ôtant seulement quand le malade a envie d'uriner. Cela me suffit pour guérir ces ulcères. Remarquons cependant qu'on ne doit pas mettre ces bougies dans l'urèthre, tant qu'il y a encore de l'écoulement gonorrhéique, de peur que cet écoulement, supprimé par les bougies, n'exulcère le col de la vessie et les parties voisines. S'il reste quelque soupçon de malignité, on enduit la bougie d'onguent de céruse camphré, mêlé à du précipité pulvérisé, sans craindre que ce dernier n'exulcère les parties saines ; car, outre qu'il est

---

(1) Il s'agit des opérateurs ambulants, des coureurs idiots dont parle Franco (préface du *Traité des hernies ;* Lyon, 1561, in-8°).

corrigé par l'onguent de céruse, je sais par expérience qu'il n'excorie pas les parties saines, mais qu'il ne fait autre chose qu'éteindre la malignité des ulcères, laquelle n'étant plus, les bougies dont j'ai parlé viennent facilement à bout des ulcères. Je donne en même temps de l'eau d'Abano à l'intérieur, à la dose de 10 livres, avec de l'esprit de térébenthine ou de vitriol pendant dix ou douze jours, quatre heures avant le repas ; la force exsiccative de cette eau qui traverse les conduits de l'urine amène facilement la consolidation des ulcères de l'urèthre. Ce moyen m'a souvent réussi.

Mais il arrive souvent que ces ulcères percent l'urèthre et les téguments, soit au périnée, soit dans le scrotum, et qu'il en résulte au bout de quelque temps des fistules. Si la fistule est périnéale, et qu'il n'y ait pas de gonorrhée, il faut brûler au fer rouge les callosités, autour de l'urèthre et des parties adjacentes, afin que la chair y croisse et que la fistule se cicatrise, mais à cette condition que le feu ne touche point l'urèthre, de peur que la fistule ne soit agrandie, et que l'urèthre, qui est une partie spermatique, ne puisse plus se restaurer. Il suffit de faire venir tout autour de la chair qui tienne lieu de l'urèthre, afin qu'elle puisse être recouverte d'une cicatrice au moyen des médicaments sarcotiques et épulotiques déjà indiqués.

Remarquons néanmoins que si la partie interne de l'urèthre ne s'affermit pas, il s'y développe la carnosité dont j'ai parlé plus haut ; aussi faut-il, dans le traitement de ces fistules, faire porter constamment au malade une bougie de cire, de peur que tout le traitement ne soit inutile.

Si la partie de l'urèthre qui est au droit du scrotum a une fistule, l'urine qui s'en écoule ronge le scrotum et y fait plusieurs ouvertures : on a alors une maladie difficile à guérir, bien qu'il m'ait été donné d'y arriver plusieurs fois par la méthode suivante. Après avoir purifié le corps, et donné la décoction de gaïac, jusqu'à effet sudorifique, pour arrêter la fluxion, je m'attaque à la partie lésée. S'il y a plusieurs trajets fistuleux, je les incise tous, et je mets tous mes soins à guérir l'urèthre au moyen des bougies dont j'ai parlé : ce n'est qu'à ce prix que peuvent être guéries radicalement les fistules du scrotum, à moins qu'on ne se contente d'une cure palliative, et qui expose à des récidives. Si l'urèthre ne peut être guéri par les bougies, il faut inciser le scrotum jusqu'à sa fistule, cautériser celle-ci, de la façon que j'ai indiquée, travailler à remplir de chair les parties incisées, et enfin à amener la cicatrisation à l'aide des moyens qui conviennent. Il arrive quelquefois, et il m'a été donné de le voir, que, l'urèthre ayant été percé par une gonorrhée, l'urine s'écoule par une large ouverture, emplit le scrotum, de façon à lui donner quelquefois le volume d'une tête d'enfant : cela ne se produit que par une dilatation extrême des parties qui entrent dans sa composition, d'où une douleur et une inflammation considérables, et enfin la gangrène et le sphacèle : aussi faut-il avec, des fers chauds et tranchants, retrancher la partie altérée et morte. Ainsi j'ai vu quelquefois, le scrotum frappé de sphacèle ayant été extirpé, les testicules mis à nu, et le large trou de l'urèthre mis à découvert ; ce dont je suis venu à bout par les moyens que j'ai indiqués, c'est-à-dire à l'aide des bougies, des sarcotiques, et en dernier lieu des épulotiques ; tandis que je n'ai pas vu de malades qui aient été guéris d'une autre façon. Bien que tout cela soit connu des médecins, j'ai jugé à propos d'en parler, parce que je l'ai vérifié par ma propre expérience.

OBSERVATIONS POSTHUMES,

TIRÉES DES MANUSCRITS DE L'AUTEUR.

Sur les maladies des parties génitales externes de la femme.

OBSERVATION Ire. — *Occlusion de la vulve chez une petite fille.*

Il me reste à parler de quelques cas que j'ai observés, et qui ont trait aux maladies du vagin et du pudendum. J'ai vu par exemple une petite fille de 2 ans, d'une très-noble famille, qui était affectée d'une occlusion de la vulve et du vagin, sans que cela intéressât cependant le méat urinaire. Pour la débarrasser de cette infirmité et lui rendre les attributs de son sexe, il me fallut faire une incision, et introduire ensuite une tente enduite de blanc d'œuf et d'eau de roses battus ensemble, pendant cinq jours. Pendant les huit jours qui suivirent, j'employai l'onguent de céruse camphré, et la petite malade fut guérie. Il en a été de même dans des cas d'imperforation de l'anus ou du membre viril chez les enfants.

OBSERVATION II. — *Occlusion du vagin à la suite d'un accouchement.*

J'ai vu, chez une certaine femme, le vagin et les

lèvres du pudendum si étroitement unis , à la suite d'un accouchement, qu'il était absolument impossible au mari de consommer l'acte conjugal. On réunit plusieurs médecins en consultation, et il fut décidé qu'à la suite de la rupture des vaisseaux dans l'accouchement, il s'était produit des bourgeons charnus qui avaient amené l'union non-seulement des parois du vagin , mais encore des lèvres du pudendum , et qu'il serait nécessaire d'en venir à l'incision, comme chez la petite fille dont je viens de parler. Ainsi fut fait, et à l'aide des mêmes médicaments, la malade fut complétement guérie au bout de huit jours.

OBSERVATION III. — *Concrétion formée par des graviers sur les parois du vagin , après un accouchement ; cas rare et qui n'a pas encore été décrit.*
Il se forma chez la femme d'un marchand de Vicence, à la suite d'une exulcération du vagin et des parties génitales externes due à la présence d'une grande quantité de petits graviers, une concrétion épaisse, qui s'accompagnait de douleurs atroces, d'insomnie et de fièvre, si bien que la malade ne pouvait ni se tenir debout ni s'asseoir ; elle se tenait constamment couchée, et se faisait bercer, comme un enfant, par ses servantes. En vain les médecins avaient mis en usage divers remèdes ; je fus mandé. Je fis faire des injections d'huile d'amandes douces, de violettes, de graisse de veau, de bouillon gras préparé avec les intestins , de lait, et autres choses sembla-

bles; je fis faire encore des injections avec une décoction dans de l'eau douce de feuilles de vigne, mauves, de violettes, de plantain, de laiteron et de laitue; tout cela fut inutile, bien que les douleurs eussent disparu. Enfin, ayant fait faire, deux ou trois fois par jour, des injections avec de la graisse humaine, je vis les graviers se détacher des parois du vagin, et de la chair rouge apparaître; alors je mis en usage le lait d'ânesse en injection, jusqu'à ce que la douleur fût calmée; l'onguent préparé avec des sucs de plantes et l'onguent de céruse achevèrent la cure.

OBSERVATION IV. — *Nymphes bouchant le méat urinaire et l'entrée du vagin.*

J'ai vu une jeune fille de 15 ans dont les nymphes formaient une tumeur d'une palme et demie environ d'étendue, tumeur causée par une surabondance de sang pituiteux. Les orifices du méat urinaire et du vagin étaient obturés, et l'urine s'écoulait par le fondement. La tumeur, qui n'était le siége d'aucune douleur, cédait sous la pression du doigt, et avait les caractères et la couleur de la chair. J'incisai d'une manière égale les deux nymphes, je cautérisai la partie inférieure, et je guéris la malade avec les digestifs et les cicatrisants.

OBSERVATION V. — *Ulcère du rectum pénétrant dans le vagin, avec excrétion des matières fécales par ce dernier.*

J'ai vu chez une fille publique, à la suite de rapports contre nature, un ulcère du rectum qui pénétrait dans le vagin ; les matières fécales sortaient par la vulve. Chacun avait jugé la maladie incurable ; je la guéris cependant, et voici comme : J'introduisis dans l'ouverture du rectum un fil que je fis passer par le vagin, et auquel j'avais attaché un de ces instruments d'acier qu'on appelle communément *falcetta*. J'incisai, et ne fis des deux ouvertures qui existaient qu'une seule ; puis j'employai les digestifs, l'onguent ex betonica, matrisylva, l'onguent de céruse, avec de la tuthie et quelque peu de précipité, qui servirent à engendrer de la chair. Enfin la guérison fut achevée à l'aide de l'onguent du Plaisantin (Casserius), fait avec des sucs de plantes, de la chaux, de la poudre de minium, du précipité, et de la cire, q. s.

Cet onguent, comme je m'en suis assuré plusieurs fois, remplace avantageusement, dans le cas d'ulcères vénériens, les sarcotiques et les épulotiques.

Il faut conclure de cette observation qu'on ne doit pas ajouter foi à l'assertion des auteurs qui prétendent que les ulcères du vagin sont incurables. Il y a à cet égard une distinction à faire : si la perforation du vagin et du rectum siége au-dessus des muscles du vagin et de l'anus, ils sont incurables ; s'ils siégent au-dessous, ils ne le sont pas.

OBSERVATION VI. — *Distinction entre les ulcères vénériens et ceux qui sont produits par quelques autres humeurs ; guérison par les moyens généraux et les topiques.*

Tous les ulcères de la vulve ne sont pas produits par le mal vénérien ; il en est qui sont engendrés par une pituite salée, par une humeur bilieuse âcre qui vient s'y amasser et exulcère les parties. On les guérit en faisant disparaître la cause, c'est-à-dire avec les médicaments qui chassent la pituite salée et la bile, et qui adoucissent leur acrimonie. Mais, s'ils sont récents, profonds, sordides, et qu'ils aient peu de tendance à la guérison, il faut employer les digestifs et les médicaments qui peuvent les absterger et les modifier, jusqu'à ce qu'on puisse les cicatriser avec les onguents de tuthie, de céruse et de litrhage.

Mais, si les ulcères sont vénériens, il faut d'abord purifier le corps du malade par un traitement général, et enlever à la masse du sang la malignité qu'elle a acquise, en administrant la décoction de gaïac jusqu'à production de sueur, avant d'appliquer sur la partie malade des médicaments locaux. Beaucoup de médecins ne s'entendent pas à employer la décoction de gaïac : ils y mélangent quantité d'herbes qui ne servent qu'à affaiblir la vertu du médicament, et cela sous le prétexte que, chez les malades, la vérole est compliquée d'autres maladies. Ils ne savent pas que le mal vénérien, en altérant le sang, débilite les viscères, et fait naître certaines affections qui disparaissent avec la vérole elle-même. Il faut donc donner la décoction faite avec le cœur du bois de gaïac et l'écorce de salsepareille, parce que celle-ci, plus légère, sert de véhicule au gaïac, pendant quarante jours ; sans quoi on voit apparaître des gommes,

des douleurs articulaires, de l'ozène, des ophthal-
mies. Pendant ce temps, le malade se nourrira de
raisins secs, d'amandes, de pommes de pin, de bis-
cotes. Tous les dix jours, le malade suspendra l'emploi du médicament ; il ne faut pas ce jour-là que le
malade mange beaucoup, ni qu'il boive du vin,
comme le font faire en certäins pays, surtout à Venise, des empiriques et des gens inexpérimentés, car
le mal vénérien ne permet pas l'usage du vin, et si
peu qu'on en prenne, on tombe de mal en pis. Il faut
que, ce jour de repos, le malade mange un peu de
viande rôtie, ou de la volaille, ou un œuf à la coque,
et boive de la décoction affaiblie et aromatisée selon
son goût. Si le malade ne pouvait supporter ce régime pendant toute la durée du traitement, on pourrait lui accorder tous les matins un œuf à la coque.

S'il y a quelque malignité dans le point malade, il
faut y appliquer de l'onguent au précipité. Je ne saurais approuver l'emploi de l'eau-de-vie, de l'huile de
soufre et de l'huile de tartre, dont l'âcreté augmente
l'étendue des ulcères, donne lieu à de violentes douleurs, et quelquefois engendre des cancers. Le précipité au contraire, bien que son application ne pro-
voque qu'une douleur très-supportable, enlève la
malignité, raffermit la partie, et sert de digestif. On
peut alors, avec l'onguent de céruse, auquel on aura
mélangé du précipité ou de la tuthie, avec un peu
d'onguent d'Isis, faire repousser les chairs ; puis on
obtiendra la cicatrisation avec l'onguent de minium

mêlé avec de la tuthie. Si tu veux, lecteur, suivre cette marche dans le traitement des ulcères, tu les guériras tous.

Du spina ventosa.

La cause de cette maladie est la pituite ; la partie intéressée est une articulation ; mais jamais l'espace qui sépare les articulations n'est atteint que consécutivement, et lorsqu'il s'y produit quelque altération, ce n'est que par sympathie.

Voici comment cette maladie se développe : si la pituite destinée à la nutrition des articles se pourrit ou acquiert de l'acrimonie en quelque façon, elle attaque d'abord les os, ce qui se fait sans qu'il y ait aucune douleur. Les os une fois altérés, le périoste devient malade, ce qu'on reconnaît à ce qu'il y a une douleur pongitive, aiguë et lancinante, de telle sorte que le malade a la sensation d'une piqûre d'épine, d'où le nom d'*épine* donné à cette maladie (1). Tan-

---

(1) Nous devons cette dénomination aux Arabes, qui prétendaient indiquer ainsi les deux caractères principaux de la maladie dont il s'agit. Mais ce mot n'est pas venu jusqu'à nous sans encombre ; on a jugé à propos, et cela tout d'abord, de le remplacer par l'expression barbare de *spinæ ventositas*, ce qui ne voulait plus rien dire. Puis M.-A. Séverin a proposé le mot de *pædarthrocace*, expression savante, et qui courait risque d'être mal comprise, à telles enseignes que Boyer n'en est pas venu à bout ; car cette dénomination lui semble vicieuse, en ce

dis que le malade est en proie à cette douleur, et que le périoste est rongé, il n'y a aucune tuméfaction ; mais, quand une fois l'os en premier lieu, le périoste secondairement, sont gâtés, la matière pituiteuse, qui a un libre passage au travers des parties charnues, distend l'articulation malade et forme une tumeur qui est d'abord molle et lâche, indolore, sans changement de couleur à la peau ; mais, une fois ouverte, elle devient plus dure, parce que la partie la plus légère des humeurs qui y affluent est exhalée, tandis que la plus épaisse y demeure. Il s'en écoule en outre une matière séreuse, et l'on peut, avec le stylet, constater l'altération de l'os. Les hommes et les femmes sont exposés à cette maladie jusqu'à 25 ans, mais non plus tard, à moins qu'ils n'en aient été atteints auparavant, et que la guérison n'ait pas été complète.

Les signes pathognomoniques sont les suivants : il y a au début des douleurs analogues à celle d'une piqûre d'épine ; le mal siége dans une articulation, le malade est adolescent ; enfin il se forme une tumeur molle, lâche, qui, une fois ouverte, laisse écouler de la sérosité. Si cette sérosité contient du pus, c'est que quelques parties charnues sont attaquées.

Quant au pronostic de cette maladie, elle est dif-

---

qu'elle suppose que la maladie qu'elle désigne *n'a lieu qu'aux pieds des enfants* (Boyer, *Malad. chirurg.*, 4ᵉ édit., in-8°, t. III, p. 455; 1831).

ficile à guérir, tant à cause de l'afflux continuel de matière qu'en raison de l'altération de l'os. Plus cette altération est grave, plus la guérison est difficile; au début, elle cède plus facilement au traitement que lorsqu'elle est invétérée. Mais, en tout état de cause, on ne peut en espérer la guérison qu'à la condition d'arrêter la fluxion et d'enlever tout l'os malade, soit par le feu, soit par le fer.

Arrivons au traitement. Aussitôt que le malade se plaint d'une douleur pongitive, semblable à celle d'une piqûre d'épine, dans les articulations soit des mains ou des pieds, soit des coudes ou des genoux, ce qui est plus rare, soit des malléoles, aussitôt, et bien qu'il n'y ait pas de tuméfaction, il faut faire une incision. Quelque temps après, on introduit un stylet, à l'aide duquel on reconnaît les inégalités de l'os corrompu, ce qui est un signe qu'il a été altéré avant le périoste. La première indication qui se présente alors, c'est d'extraire les parties cariées, sans quoi les ulcères et les plaies ne peuvent se cicatriser. Une fois l'os enlevé, on travaille à la génération de la chair, puis à la production de la cicatrice, en se conformant aux règles reçues.

Si la profondeur de la partie ne permet pas d'y introduire les rugines, il faut recourir au cautère actuel.

Pour cela on dilate d'abord l'orifice par des incisions, puis avec de l'éponge préparée, de la racine de gentiane, de la moelle de sureau ou de sorgum; puis on y introduit une canule de fer percée aux deux bouts, et on cautérise avec le fer rouge l'os carié jusqu'à ce qu'on puisse, quand on est habile, reconnaître par habitude que l'os sera prochainement éliminé. Pour le reste de la cure, on se conduira comme nous avons dit plus haut.

Mais il arrive parfois, principalement chez les enfants, que tout l'espace compris entre deux articulations, aux mains ou aux pieds, est altéré ; en pareil cas, le fer ni le feu ne servent de rien. Il faut employer un petit trépan, avec lequel on perforera le milieu de cet espace ; puis, avec de petits ciseaux faits exprès, on coupera ce qui est sur les côtés, et on enlèvera peu à peu avec des pinces tout ce qui se trouve compris entre les deux jointures. La place demeurée vide se remplit de chair avec le temps, et chez les enfants surtout devient dure et calleuse, et peut remplir les fonctions de l'os. Cependant, quand toute une phalange a été enlevée, le doigt, dont les muscles se rétractent du côté de leur origine, tandis que les parties molles cèdent, se raccourcit.

Si le médecin est appelé, alors que la matière pituiteuse putréfiée et rendue plus âcre a déjà produit une solution de continuité, il doit employer tous ses efforts à enlever l'os malade à l'aide des instruments et des moyens que j'ai proposés. Il faut quelquefois arracher deux ou trois petits os et plus.

En ruginant, cautérisant ou arrachant un os, on prendra garde d'affecter les tendons, de peur de voir survenir des convulsions.

Voilà le traitement topique de ce mal; il doit être précédé d'un traitement général, propre à chasser la pituite et à la dessécher au moyen de la décoction de quinquina, salsepareille, bois de gaïac, et autres médicaments semblables.

Je n'ai rien autre chose à dire touchant le traitement de l'épine venteuse; j'ai voulu traiter cette matière, parce qu'aucun auteur ne s'est appliqué à donner là-dessus des explications suffisantes.

TABLE DES MATIÈRES.

www.ingramcontent.com/pod-product-compliance
Lightning Source LLC
Chambersburg PA
CBHW060528210326
41519CB00014B/3167